三维建模技术 3ds Max 项目化教程
（第 2 版）

主　编　安秀芳　陈祥章　张敬斋
副主编　陈　芬　王丽娟　黄　凯　林　茂
主　审　朱作付

北京理工大学出版社
BEIJING INSTITUTE OF TECHNOLOGY PRESS

内 容 简 介

本书主要介绍如何使用 3ds Max 创建基本的三维模型、动画及大型三维场景，最后渲染出图的方法。本书内容丰富、结构清晰，案例由浅入深、循序渐进，适用于 3ds Max 2014、2016 及以上英文版本加中文注释的双语学习。

本书以就业为主线，以职场为情境，以任务为导向，围绕生活中常见的模型和场景、遵守企业项目的制作流程、遵守行业标准，设计了一系列真实的、生动的案例和大型综合项目。按照"素材的采集与处理—三维模型的创建—材质贴图的实现—灯光、摄像机的创建—渲染出图与后期"的流程对每个案例进行精心设计，使读者在学习过程中掌握就业所需具备的知识技能，获得实际项目经验。

本书既可作为艺术设计类和计算机类专业学生的教科书，也可作为相关培训机构的教学用书或三维建模、三维动画设计爱好者的自学用书。

图书在版编目(CIP)数据

三维建模技术 3ds Max 项目化教程 / 安秀芳，陈祥章，张敬斋主编. -- 2 版. -- 北京：北京理工大学出版社，2021.10
ISBN 978 - 7 - 5763 - 0518 - 0

Ⅰ. ①三… Ⅱ. ①安… ②陈… ③张… Ⅲ. ①三维动画软件 - 教材 Ⅳ. ①TP391.41

中国版本图书馆 CIP 数据核字(2021)第 211199 号

出版发行 / 北京理工大学出版社有限责任公司
社　　址 / 北京市海淀区中关村南大街 5 号
邮　　编 / 100081
电　　话 / (010)68914775(总编室)
　　　　　 (010)82562903(教材售后服务热线)
　　　　　 (010)68944723(其他图书服务热线)
网　　址 / http://www.bitpress.com.cn
经　　销 / 全国各地新华书店
印　　刷 / 三河市龙大印装有限公司
开　　本 / 787 毫米 × 1092 毫米　1/16
印　　张 / 20.25　　　　　　　　　　　　　　　　责任编辑 / 封　雪
字　　数 / 470 千字　　　　　　　　　　　　　　　文案编辑 / 封　雪
版　　次 / 2021 年 10 月第 2 版　2021 年 10 月第 1 次印刷　　责任校对 / 刘亚男
定　　价 / 87.00 元　　　　　　　　　　　　　　　责任印制 / 施胜娟

前言

本书主要通过实例教学的形式介绍用 3ds Max 构建建筑室内外模型的方法和技巧，内容丰富，结构清晰，共分 7 章，其中第 1~5 章为基础篇，第 6~7 章为综合应用部分，每个章节均有极具代表性的案例及场景，并且都有重点专题特色，还配套有操作视频的二维码。

第 1 章是认识 3ds Max。主要通过介绍 3ds Max 软件的界面构成、操作技巧、控制对象的操作方法来让读者了解和熟悉 3ds Max 的操作。

第 2 章是基本模型的创建。主要通过多种方法来实现模型的创建，包括几何体建模、二维图形建模、复合对象建模、常用修改器建模和多边形建模方法。其中室外小房子的综合小案例贯穿了整个项目流程。

第 3 章是材质与贴图。主要通过典型的案例来了解贴图坐标的概念，掌握透明贴图材质、无缝贴图材质和 VRay 材质的使用方法。

第 4 章是室内外场景的灯光与摄像机。主要介绍室内外场景中静态摄像机的打法，以及 Photometric 灯光、Standard（标准）灯光、VRay 灯光在室内外场景中的应用方法。

第 5 章是动画摄像机与简单动画。主要讲解具有代表性的刚体、柔体动画及简单的群组动画，让读者可以了解到关键帧的设置方法，为今后学习更复杂的三维动画打下良好的基础。

第 6 章是室内外场景特效与渲染运用。主要介绍了 Default Scanline（默认扫描线）渲染器和 VRay 渲染器的使用和设置方法。

第 7 章是室内外场景的综合应用。本章严格按照企业真实项目的流程，讲解三个最具代表性的（室内综合场景、室外古代建筑和职业技能大赛真题动物模型）大型综合项目的制作方法。

通过本书的学习，读者不但能掌握 3ds Max 基本操作知识，还能通过综合项目的练习进一步了解和掌握完整流程，做到企业项目零对接，为今后从事相关的行业打下坚实的基础。

本书由安秀芳、陈祥章、张敬斋主编，由陈芬、王丽娟、黄凯、林茂担任副主编，全书由朱作付主审。

　　本书还附带配套的完整数字资源，其中每一章节中典型的案例都有对应的二维码，读者可以通过扫码学习相关的操作视频；有对应的"3ds Max 建模秀"微信公众号课程，也可以通过扫码学习；对应的课件、源文件等资源，读者可以通过纸质和数字资源相结合的形式进行学习。

　　由于作者水平有限，书中难免会有不妥之处，敬请广大读者批评指正。如果读者在阅读本书的过程中遇到任何与本书相关的技术问题或者需要，请发邮件至 anxf@ mail. xzcit. cn，我们将竭诚为您服务！

目录

第**1**章

认识3ds Max

本章要点

本章主要介绍 3ds Max 的界面构成以及界面内的小工具等。

本章包括以下内容：

- 软件的安装
- 3ds Max 界面构成
- 视图、操作界面的定制
- 操作技巧
- 控制对象的操作
- 常用快捷键

职业素养养成

通过 3ds Max 基础知识和技能的学习，让学生了解 3ds Max 的基本原理和制作意义，加强学生对 3ds Max 设计软件的认识，激发学生对知识的渴求和探索精神，从而提高学生发现问题、分析问题和解决问题的能力。

通过对三维项目制作的了解，培养学生严谨的工作态度，创新沟通、团队协作的能力以及积极进取、精益求精的职业精神。

1.1 3ds Max 软件的安装

3ds Max 的安装步骤如下：

（1）双击解压 3ds Max 2014 64 位中文版安装包，解压后自动运行安装程序，如图 1.1 所示。

（2）找到 3ds Max 2014 的应用程序（第二次解压）双击解压 3ds Max 2014 64 位中文版安装包，解压后自动运行安装程序。

（3）解压完成后自动出现安装程序，直接单击【安装】按钮，如图 1.2 所示。

软件的安装

名称	修改日期	类型	大小
安装步骤	2016/1/7 17:56	文本文档	1 KB
Autodesk_3ds_Max_2014_EFGJKS_Win_64bi...	2013/4/18 19:08	应用程序	3,216,760 KB
激活使用说明	2013/4/2 02:01	文本文档	1 KB
注册机	2020/11/11 15:52	文件夹	

图 1.1　软件安装包

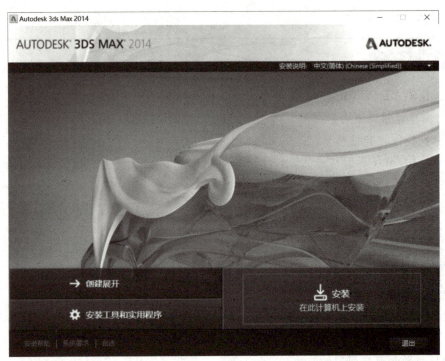

图 1.2　程序安装 1

（4）接受相关协议，国家或地区选择中国。下面一栏中选择接受相关协议，再单击【下一步】按钮，如图 1.3 所示。

（5）最上面一栏是许可类型，这里有两种，一种是单机许可，另一种是网络许可，勾选单机许可。输入序列号和产品密钥，然后单击【下一步】按钮，如图 1.4 所示。

（6）产品默认安装在 C 盘下，这里更改安装到 D 盘。要注意，选择的路径中不能包含中文字符，否则后面的安装中会出现错误。在确认无误后单击【安装】按钮，如图 1.5 所示。

（7）安装过程需要 15~20 分钟（此时电脑不要做任何操作，等待安装完成即可）。

（8）安装完成后会显示所有产品均已安装，可以看到勾选的都是已经安装成功的，现在单击【完成】按钮（到此步骤说明 3 ds Max 2014 已经安装到电脑上，但是尚未激活，接下来进入激活破解步骤），如图 1.6 所示。

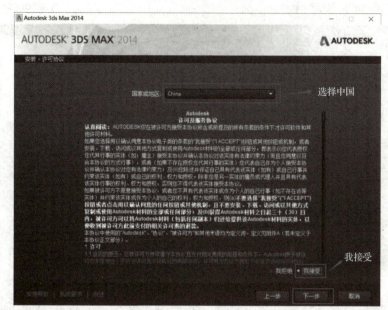

图 1.3　程序安装 2

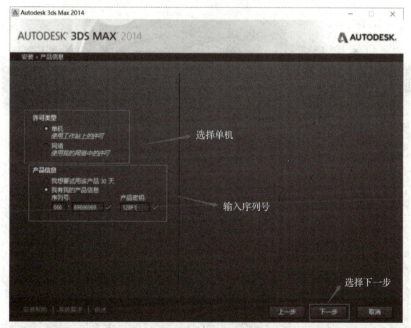

图 1.4　安装序列号

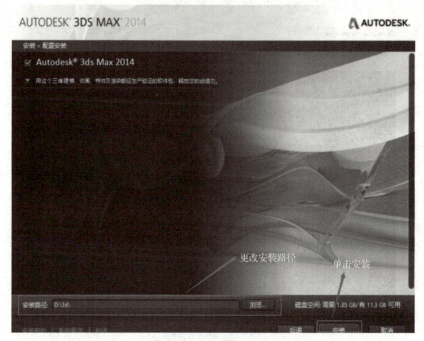

图 1.5 安装路径

图 1.6 安装完成

（9）安装完成后，桌面会生成启动图标，双击运行。勾选"已阅读相关保护政策"，单击"I Agree"【同意】按钮，如图 1.7 所示。

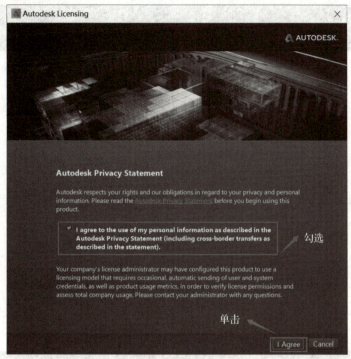

图 1.7 运行选项

（10）这时提示需要激活该产品，单击"Activate"【激活】按钮，如图 1.8 所示。

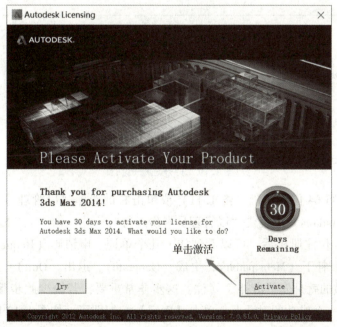

图 1.8 激活选项

（11）此时产品自动跳转到输入激活码界面，如图 1.9 所示，接下来要找到注册机。

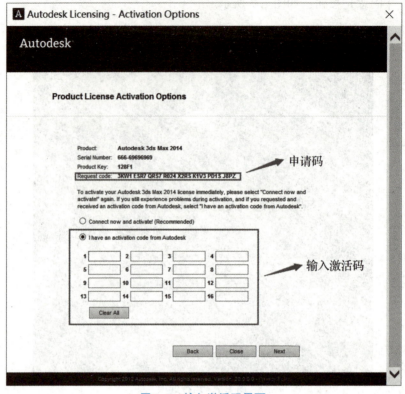

图 1.9　输入激活码界面

（12）返回安装包，找到注册机文件并双击打开，如图 1.10 所示。

图 1.10　打开注册机文件

　（13）双击运行 64 位注册机（图 1.11）或单击右键选择"以管理员身份运行"。有些 Windows 7 或者 Windows 8 系统要"以管理员身份运行"。

　（14）运行 64 位注册机后，可以看到如下几个单词：申请码（Request code），激活码（Activation code），补丁（Mem patch），生成（Generate），退出（Quit）。当打开 64 位注册机时，第一步要做的就是先单击补丁（注：这步非常重要，若缺少此步骤，则后面无法激活），此时会出现一个成功的对话框，单击【确定】按钮即可，如图 1.12 所示。

图 1.11　注册机

图 1.12　补丁选项

（15）把安装包里的申请码复制粘贴到注册机的申请码栏中，然后单击【生成】按钮，生成激活码后，把激活码复制粘贴到激活栏中，最后单击【下一步】按钮，如图 1.13 所示。

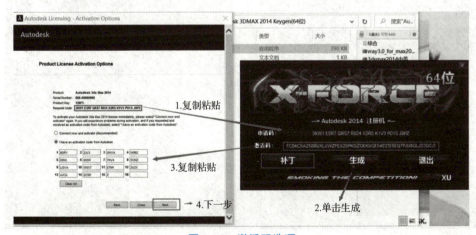

图 1.13　激活码选项

（16）稍后出现激活完成的提示，表示激活成功，单击"Finish"【完成】按钮，如图 1.14 所示。

图 1.14　激活完成

　　（17）该软件可以根据需要切换成中英文等不同版本，从 3ds Max 2013 开始，就有 6 种语言可供用户选择运行，具体方法是单击"开始→所有程序→Autodesk→Autodesk 3ds Max 2014"（这里面有 6 种语言，用户可以根据需要选择自己喜欢的语言运行），如图 1.15 所示。

图 1.15　语言选项

1.2　3ds Max 界面构成

3ds Max 各区域的介绍如图 1.16 所示。

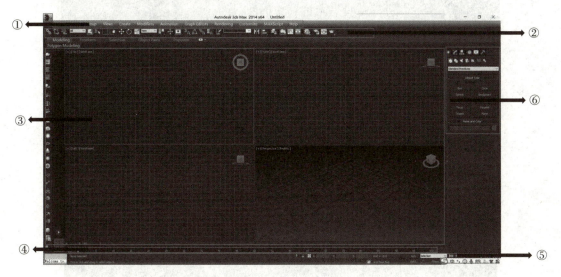

图 1.16　3ds Max 界面

注：

①—菜单栏：单击菜单名称可以打开菜单，每个菜单都包含了许多可执行的命令。

②—工具栏：3ds Max 中的很多命令均可由工具栏上的按钮来实现。默认情况下，仅主工具栏是打开的，停靠在界面的顶部，可以打开和关闭工具栏，或将其放置到指定的位置。

③—视图区域：3ds Max 的核心区域，也是占用面积最大的一个区域，主要用于观察、调节所编辑的对象。

④—时间滑块：显示当前帧并可以通过它移动到【活动时间段】中的任何帧上。右键单击滑块栏，打开【创建关键帧】，在该对话框中可以创建位置、旋转或缩放关键帧而无需使用【自动关键帧】按钮。

⑤—底部工具栏：提供了用于设置关键帧、脚本、坐标提示以及视图控件的选项卡。

⑥—命令面板：命令面板由六个用户界面面板组成，使用这些面板可以使用 3ds Max 的大多数建模功能，以及一些动画功能、显示选择和其他工具。每次只有一个面板可见。要显示不同的面板，单击"命令"面板顶部的选项卡即可。

3ds Max 的视口显示是四个视图，如果要切换到单一的视图显示，可以单击界面右下角的【最大化视口切换】按钮或按【Alt】+【W】组合键，如图 1.17、图 1.18 所示。

单击【应用程序】图标弹出菜单下拉框，具体如图 1.19 所示。

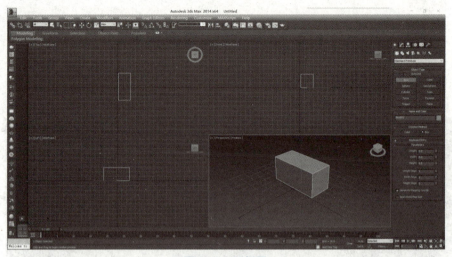

图 1.17　四视图

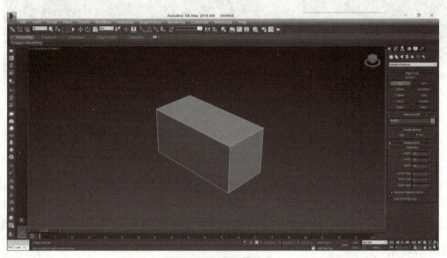

图 1.18　视图最大化

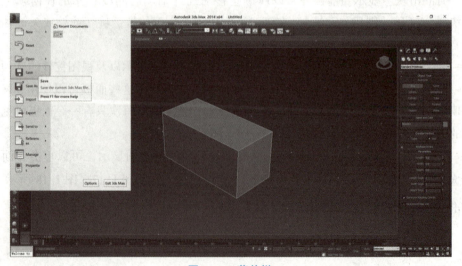

图 1.19　菜单栏

1.3 视图、操作界面的定制

视图区是 3ds Max 的重要工作区域，我们要在视图区中完成所有的创建。

进入 3ds Max 后，视图的默认显示是四视图的方式显示，其工作区域被划分为四块区域，如图 1.20 所示。其中①为顶视图（T），②为前视图（F），③为左视图（L），④为透视图（P）。

图 1.20 四视图

一般的工作方式是在 3 个正视图中完成模型的创建，以此来获得准确的数据，然后通过透视图来对已创建完成的模型进行立体效果查看。

视图、操作界面的定制步骤如下：

（1）视图的划分显示在 3ds Max 中是可以调整的，可以根据用户需求改变视图的大小或者视图的显示方式，单击"Views – Viewport Configuration"【视图/视口配置】，如图 1.21 所示。

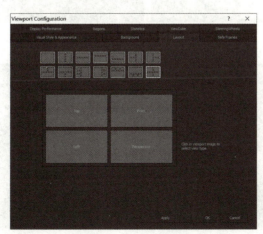

图 1.21 视口配置

（2）选择第七个布局方式，在下面缩略图中可以观察到这个视图布局的划分方式，如图 1.22 所示。

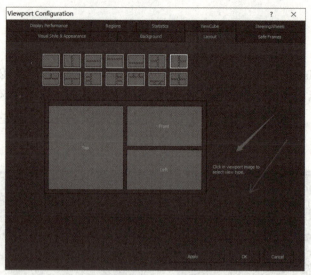

图 1.22　视图布局

（3）在已经选的缩略图上单击鼠标右键，在弹出的菜单中可以选择应用哪个视图，如图 1.23 所示，选择好单击【确定】按钮，如图 1.24 所示。

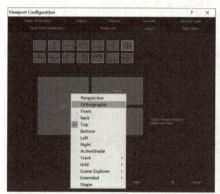

图 1.23　视图定制 1

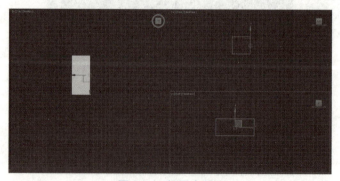

图 1.24　视图定制 2

1.4 操作技巧

本节主要介绍复制的类型与区别、快捷键的设置、单位的设置和基础几何体的创建。这几种使用技巧对我们在工作效率上的提高与工作方法上的规范有着非常重要的作用，如在团队制作项目时，第一步工作便是对单位的设置进行统一，这样才能避免在模型合并时出现大小不一、比例不适的情况。

1. 单位设置

3ds Max 默认的系统单位为英寸，为了更符合我们的测量要求，通常会将单位设置为毫米、厘米或米，执行"Customize"【自定义】|"Units Setup"【单位设置】命令，打开"Units Setup"【单位设置】对话框，将单位设置为"Metric"【公制】，在下方的下拉列表中便可指定具体的单位，其中包含"Milimeters"【毫米】、"Centimeters"【分米】、"Meters"【米】和"Kilometers"【公里】。

设置了显示单位比例之后还需要对系统单位进行设置。在"Units Setup"【单位设置】面板中单击"System Unit Setup"【系统单位设置】按钮，进入"System Unit Setup"【系统单位设置】对话框进行调节，如果显示单位设置为毫米，则系统单位也需要统一设置成毫米。如图 1.25 所示。

图 1.25 单位设置

2. 复制及复制类型的选择

执行菜单栏下的"Edit"【编辑】|"Clone"【克隆】命令，可以快速地在 3ds Max 中创建相同的物体，其快捷的操作方式有两种，分别是使用快捷键【Ctrl】+【V】和使用变换工具的同时按住【Shift】键，当执行了克隆命令之后会弹出"Clone Options"【克隆选项】对话框，在该对话框中可以选择复制的类型。如图 1.26 所示。

➤"Copy"【复制】命令将创建一个与原始物体无关的克隆物体。修改一个物体时，不会对另外一个物体产生任何影响。

➤"Instance"【关联复制】命令将创建与原始物体完全可交互的克隆对象，修改关联物

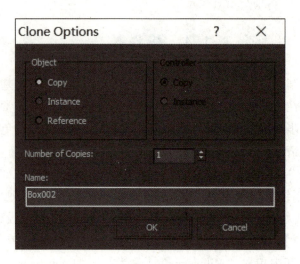

图 1.26 克隆图

体与修改原始物体的效果完全相同。

➤"Reference"【参考】命令将创建一个与原始物体有关的克隆物体。在调节参考对象之前的修改器时，将会同时更改两个对象，而当其中一个对象应用新修改器时，对新修改器的调节将只会影响到该对象。

1.5 控制对象的操作

本节主要是介绍控制对象的基本操作（如移动、旋转、缩放、捕捉、对齐等）都是通过工具栏上的按钮来实现的，学习好这些基础的工具，有助于学生在今后的学习工作中能够快速地找到适合的工具，从而提高制作效率。

1. 选择工具

在 3ds Max 的工具栏中，用于选择的工具主要有五个。如图 1.27 所示。

图 1.27 3ds Max 的主要工具

➤选择过滤器 All ：使用【选择过滤器】列表，可以限制可由选择工具选择的对象的特定类型和组合。例如，如果选择【摄影机】，则使用选择工具只能选择摄影机。其他对象不会响应。在需要选择特定类型的对象时，这是冻结所有其他对象的实用快捷方式。

➤选择 ：可以在视图中选择对象或子对象，以便进行编辑。

➤从场景选择 ：可以打开【从场景选择】对话框，学员可以在该对话框中对对象进行选择，这样便要求我们在创建对象时要养成合理命名的习惯。

➤选择方式 ：在该工具弹出的按钮中提供了可用于按区域选择对象的五种方法。分

别是矩形 ⬚、圆形 ◯、多边形 ⬚、套索 ⬚ 和绘制 ⬚，如图 1.28 所示。

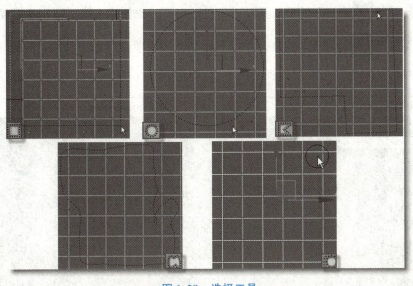

图 1.28　选择工具

➤窗口/交叉选择切换 ⬚：激活该 ⬚ 按钮时，必须框选整个对象才能将物体选中；未激活该选项时，只要与选区的边缘相交即可选中。

2. 变换工具

3ds Max 的变换工具主要有三个，分别是移动并复制工具、旋转工具和缩放工具。 ⬚

➤移动并复制工具 ⬚：选择单个或多个对象沿指定的轴向移动并复制，快捷键为【W】。

➤旋转工具 ⬚：选择单个或多个对象沿指定的轴向旋转，快捷键为【E】。

➤缩放工具 ⬚：选择单个或多个对象沿指定的轴向缩放，快捷键为【R】。

3. 捕捉工具

捕捉命令分为四种捕捉方式，分别是维度捕捉 ⬚、角度捕捉 ⬚、百分比捕捉 ⬚ 和微调器捕捉 ⬚。

➤维度捕捉：该捕捉方式分为三种情况，分别是 3D 捕捉 ⬚、2.5D 捕捉 ⬚ 和 2D 捕捉 ⬚。快捷键为【S】。

（1）2D 捕捉 ⬚：光标仅捕捉活动构造的栅格和栅格平面上所有的几何体，将忽略对象 Z 轴上的高度。

（2）2.5D 捕捉 ⬚：光标仅捕捉活动栅格上对象投影的顶点或边缘。

（3）3D 捕捉 ⬚：这是默认的捕捉方式，也是运用最广泛的捕捉方式。光标将直接捕捉到 3D 空间中的任何几何体，常用来为模型定位和创建精确定位的模型。

➢角度捕捉 ⚮：使用旋转工具时，设置一个递增量围绕指定轴进行旋转。

➢百分比捕捉 %⚮：使用缩放工具时，设置一个百分比数值来控制物体的缩放比例。

➢微调器捕捉 ⬍⚮：设置 3ds Max 中所有微调器每次单击时增加或减少的值。

在使用捕捉工具时，可以对捕捉时的参数或对象进行设置。如图 1.29 所示。

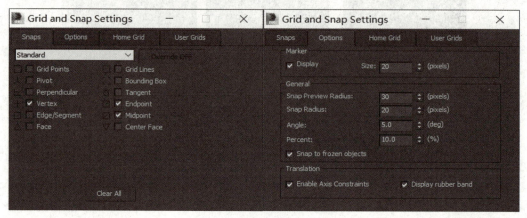

图 1.29　捕捉参数的设置

第2章

基本模型的创建

本章要点

　　本章主要通过多种方法来实现模型的创建，主要介绍几何体建模、二维图形建模、复合对象建模、常用修改器建模和多边形建模方法，其中多边形建模是当前社会上最受欢迎、用得最多的一种建模方法。

　　本章包括以下内容：
- 几何体建模
- 二维图形建模
- 复合对象建模
- 常用修改器建模
- 多边形建模

职业素养养成

　　通过基本模型的学习，让学生熟悉和掌握基本模型的创建技法以及制作流程，培养学生精益求精的工匠精神和开拓创新的进取精神。在基本模型制作中，适时引入一些具有中国传统的家具模型，让学生在掌握模型制作技法的同时，也了解了中国博大精深的传统文化，自然地形成一种文化自信和对传统文化的热爱，从而极大地提高了学生学习建模知识的积极性。

　　通过对基本模型制作的学习，同时培养学生沟通交流、团队协作、自我学习、勤于思考等职业素养。

2.1　Geometry（几何体）建模

　　本节主要是通过 3ds Max 内置的几何体模型来创建简单模型，通过建模的练习来学习 3ds Max 的操作方法和技巧。

2.1.1　简单小凳子模型

　　通过本案例的练习，可以熟练掌握【长方体】工具、【移动并复制】工具的使用方法，同时掌握各种视图的应用方法。

小凳子最终效果图如图2.1所示。

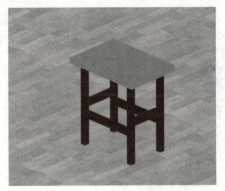

小凳子操作视频

图 2.1　小凳子效果图

具体创建步骤如下：

（1）打开 3ds Max 软件，将系统单位和显示单位统一为毫米，如图2.2所示。

图 2.2　单位设置

（2）在【创建】面板中单击"Box"【长方体】工具，在场景中创建一个长方形，可以单击【修改器】 在【修改】面板中修改参数，设置"Length"【长度】为 200 mm，"Width"【宽度】为 140 mm，"Height"【高度】为 14 mm，效果及参数设置如图2.3所示。

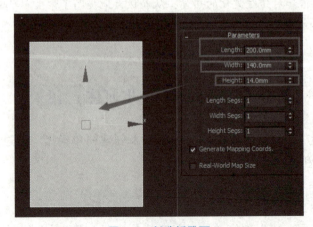

图 2.3　创造板凳面

（3）使用"Box"【长方体】工具，在场景中创建一个"Length"【长度】为 200 mm，"Width"【宽度】为 13 mm，"Height"【高度】为 13 mm 的长方体。开启【捕捉】工具 ，按住鼠标左键不放往下拉选择 。右击对捕捉工具进行设置，如图 2.4 所示。调整模型的摆放位置，效果及参数设置如图 2.5 所示。

图 2.4　捕捉设置

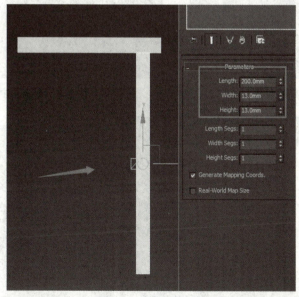

图 2.5　板凳腿的制作

（4）按【T】键到顶视图中，按【F3】键使模型透明化，然后按住【Shift】键使用【移动并复制】工具 拖拽，实例复制 3 个板凳腿，在顶视图中效果如图 2.6 所示。

（5）使用【捕捉】 和【移动并复制】 工具，调整位置，效果如图 2.7 和图 2.8 所示。

（6）开启捕捉，按【L】键到左视图中创建一个长方体，参数及效果如图 2.9 所示。

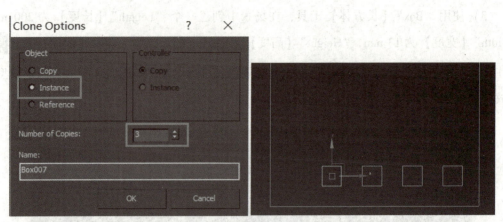

图 2.6　复制板凳腿

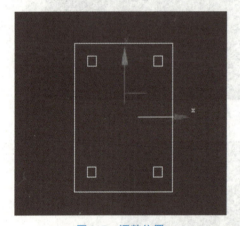

图 2.7　调整位置

图 2.8　透视图中效果

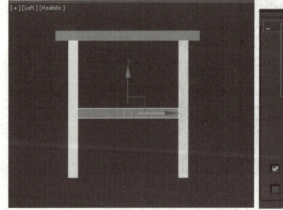

图 2.9　创建长方体板凳轴 1

（7）按【F3】键使模型透明化，按【F】键到前视图中选中上一步创建的长方体并调整其位置，效果如图 2.10 所示。

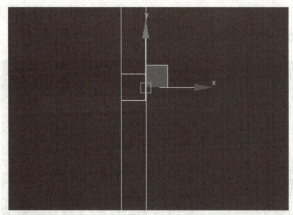

图 2.10　调整长方体板凳轴位置

（8）按住【Shift】键，并使用【移动并复制】工具 ✛，创造出另一边的模型，步骤图如图 2.11 和图 2.12 所示。

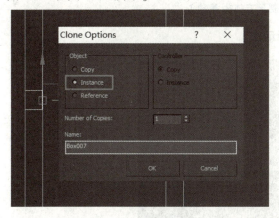

图 2.11　复制长方体板凳轴 1

图 2.12　透视图中效果

（9）按【F】键到前视图中，开启【捕捉】工具 ，在场景中创建一个长方体，参数及效果如图 2.13 所示。

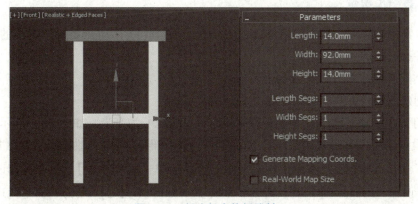

图 2.13　创建长方体板凳轴 2

（10）按【L】键到左视图中，按住【Shift】键，并使用【移动并复制】工具 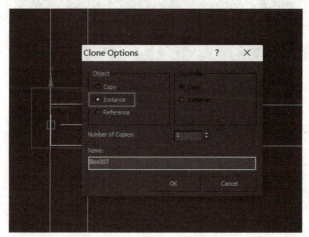，复制另一边的模型，效果如图 2.14 所示。

图 2.14　复制长方体板凳轴 2

（11）小凳子最终模型效果如图 2.15 所示。

图 2.15　小凳子最终模型效果

2.1.2　简易小柜模型

通过本案例的练习，可以熟练掌握【长方体】工具、【移动并复制】工具的使用方法，同时掌握各种视图的应用方法。

简易小柜最终效果图如图 2.16 所示。

具体创建步骤如下：

（1）打开 3ds Max 软件，将系统单位和显示单位统一为毫米，如图 2.17 所示。

（2）设置几何体类型为 "Standard Primitives"【标准基本体】，效果如图 2.18 所示。然后单击 "Box"【长方体】在透视图中创建一个长方体，单击【修改器】 在【修改】面板中修改参数，设置 "Length"【长度】为 600 mm，"Width"【宽度】为 600 mm，"Heitht"【高度】为 500 mm，效果及参数如图 2.19 所示。

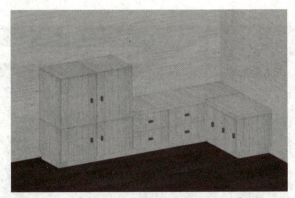

图 2.16　简易小柜效果图

图 2.17　单位设置

图 2.18　创建长方体 1

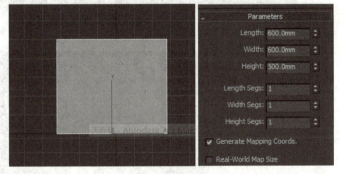

图 2.19　创建长方体 2

（3）使用【移动并复制】工具　，选中长方体，按住【Shift】键的同时按【F】键到前视图中同时向右移动复制一个长方体，效果如图 2.20 所示。

（4）继续在前视图中向上复制一个长方体，效果如图 2.21 所示，单击【修改器】　在【修改】面板中修改参数，设置"Length"【长度】为 600 mm，"Width"【宽度】为 600 mm，"Heitht"【高度】为 750 mm。

（5）选择上一步创建的长方体，然后在前视图中向右移动复制一个长方体，效果如图 2.22 所示。

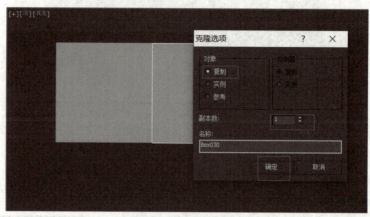

图 2.20　复制长方体 1

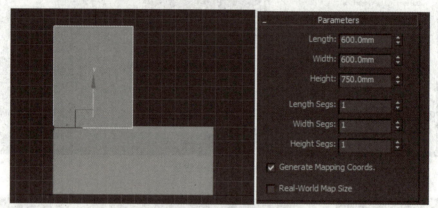

图 2.21　复制长方体 2

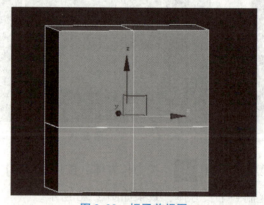

图 2.22　柜子前视图

（6）使用"Box"【长方体】工具，创建一个长方体，单击【修改器】 在【修改】面板中修改参数，设置"Length"【长度】为 600 mm，"Width"【宽度】为 600 mm，"Heitht"【高度】为 250 mm，调整位置，效果及参数如图 2.23 所示。

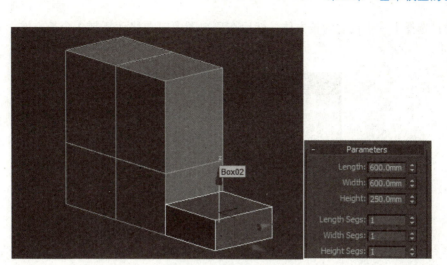

图 2.23　修改长方体

（7）选择上一步创建的长方体，然后在前视图中向右移动复制一个长方体，效果如图 2.24 所示。

（8）选中前两步创建的长方体，然后在前视图中向上移动复制两个长方体，效果如图 2.25 所示。

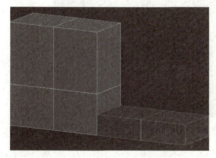 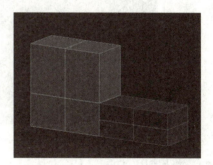

图 2.24　复制长方体 1　　　　　　　　　图 2.25　复制长方体 2

（9）继续使用 "Box" 【长方体】工具，在场景中创建一个长方体，单击【修改器】在【修改】面板中修改参数，设置 "Length"【长度】为 300 mm，"Width"【宽度】为 600 mm，"Heitht"【高度】为 500 mm，调整位置，效果及参数如图 2.26 所示。

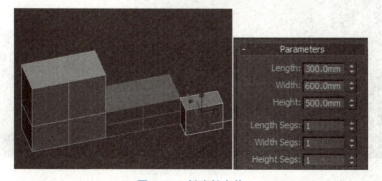

图 2.26　创建长方体

（10）选择上一步创建的长方体，然后在顶视图中向右移动复制 2 个长方体，效果如图 2.27 所示。

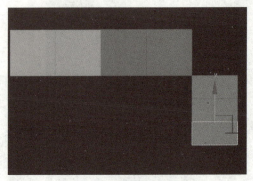

图 2.27　复制长方体

（11）继续使用"Box"【长方体】工具，在场景中创建一个长方体，单击【修改器】在【修改】面板中修改参数，设置"Length"【长度】为 600 mm，"Width"【宽度】为 1 800 mm，"Heitht"【高度】为 50 mm，调整位置，效果及参数如图 2.28 所示。

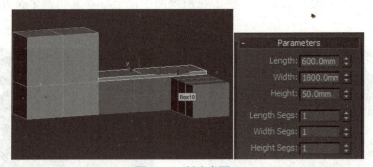

图 2.28　创建桌面 1

（12）继续使用"Box"【长方体】工具，在场景中创建一个长方体，单击【修改器】在【修改】面板中修改参数，设置"Length"【长度】为 900 mm，"Width"【宽度】为 600 mm，"Heitht"【高度】为 50 mm，调整位置，效果及参数如图 2.29 所示。

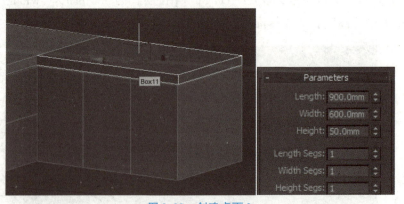

图 2.29　创建桌面 2

（13）继续使用"Box"【长方体】工具，在场景中创建一个长方体，单击【修改器】在【修改】面板中修改参数，设置"Length"【长度】为 500 mm，"Width"【宽度】为 3 000 mm，"Heitht"【高度】为 100 mm，调整位置，效果及参数如图 2.30 所示。

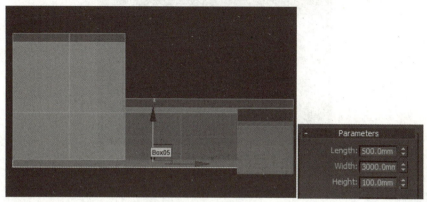

图 2.30　创建底座 1

（14）继续使用"Box"【长方体】工具，在场景中创建一个长方体，单击【修改器】在【修改】面板中修改参数，设置"Length"【长度】为 900 mm，"Width"【宽度】为 500 mm，"Heitht"【高度】为 100 mm，调整位置，效果及参数如图 2.31 所示。

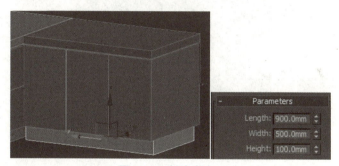

图 2.31　创建底座 2

（15）再次使用"Box"【长方体】工具，在场景中创建一个长方体，单击【修改器】在【修改】面板中修改参数，设置"Length"【长度】为 25 mm，"Width"【宽度】为 60 mm，"Heitht"【高度】为 25 mm，调整位置，效果及参数如图 2.32 所示。

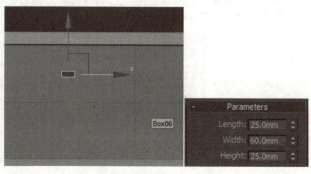

图 2.32　创建手柄

（16）使用【移动并复制】工具 ，选中上一步创建的长方体，然后按住【Shift】键移动复制 10 个长方体，接着将长方体调到对应的位置，效果如图 2.33 所示。

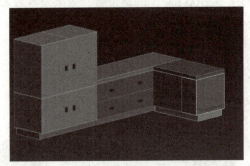

图 2.33　简易小柜模型效果图

2.1.3　储物柜模型

通过本案例的练习，可以熟练掌握【长方体】工具、【移动并复制】工具的使用方法。储物柜的效果图如图 2.34 所示。

储物柜操作视频

图 2.34　储物柜效果图

具体创建步骤如下：

（1）打开 3ds Max 软件，将系统单位和显示单位统一设置为"Millimeters"【毫米】，如图 2.35 所示。

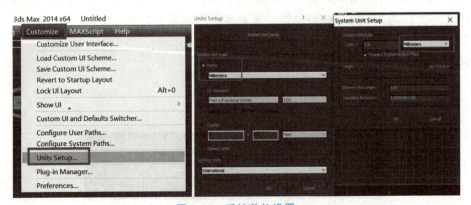

图 2.35　系统单位设置

（2）打开【捕捉】工具，勾选"Vertex"【顶点】、"Endpoint"【端点】、"Midpoint"【中点】，然后打开【选项】面板勾选"Snap to frozen objects"【捕捉到冻结对象】和"Enable Axis Constraints"【启动轴约束】，如图 2.36 所示。

（3）在【创建】面板中单击"Box"【长方体】工具，在场景中创建一个长方体，单击【修改器】 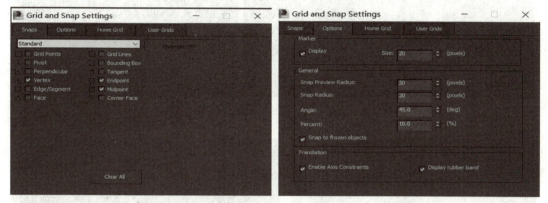 在【修改】面板中修改参数，设置"Length"【长度】为 530 mm，"Width"【宽度】为 749 mm，"Height"【高度】为 34 mm，效果及参数如图 2.37 所示。

图 2.36　捕捉工具设置

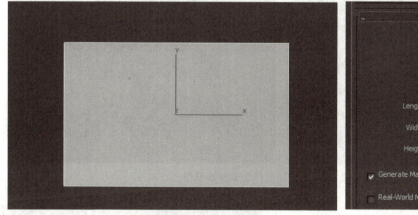

图 2.37　顶部长方体参数

（4）使用"Box"【长方体】工具在"Front"【前视图】中，创建储物柜柜腿，单击【修改器】 在【修改】面板中修改参数，设置"Length"【长度】为 667 mm，"Width"【宽度】为 30 mm，"Height"【高度】为 30 mm，效果及参数如图 2.38 所示。

（5）使用"Box"【长方体】工具在"Front"【前视图】中，创建储物柜柜腿垫脚，单击【修改器】 在【修改】面板中修改参数，设置"Length"【长度】为 24 mm，"Width"【宽度】为 40 mm，"Height"【高度】为 40 mm，效果及参数如图 2.39 所示。

（6）选中储物柜柜腿和储物柜垫脚，在菜单栏中单击"Group"【组】，把储物柜柜腿和储物柜垫脚打组，然后按住【Shift】键复制储物柜柜腿如图 2.40 所示。

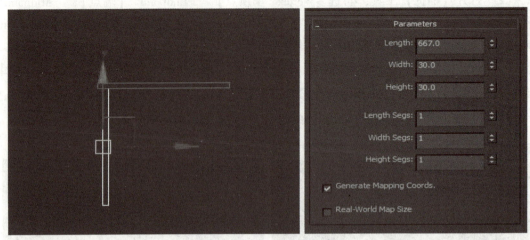

图 2.38　储物柜柜腿参数设置

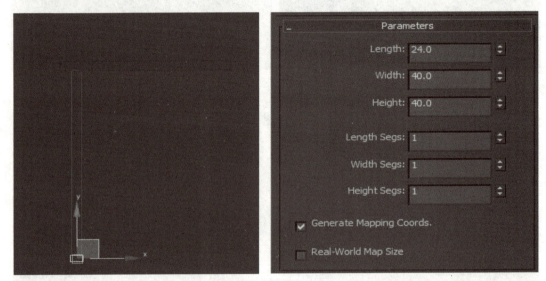

图 2.39　储物柜柜腿垫脚参数设置

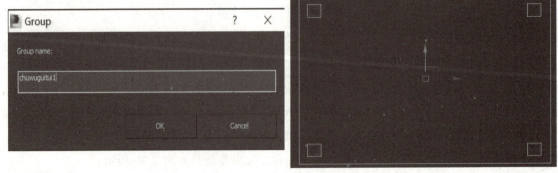

图 2.40　打组

（7）使用"Box"【长方体】工具在"Front"【前视图】中，创建储物柜网格 1，单击【修改器】在【修改】面板中修改参数，设置"Length"【长度】为 543 mm，"Width"【宽度】为 5 mm，"Height"【高度】为 5 mm，按住【Shift】进行实例复制，效果及参数如图 2.41 所示。

（8）使用"Box"【长方体】工具在"Top"【顶视图】中，创建储物柜网格 2，单击【修改器】在【修改】面板中修改参数，设置"Length"【长度】为 412 mm，"Width"【宽度】为 5 mm，"Height"【高度】为 5 mm，在"Left"【左视图】中按住【Shift】键进行实例复制，效果及参数如图 2.42 所示。

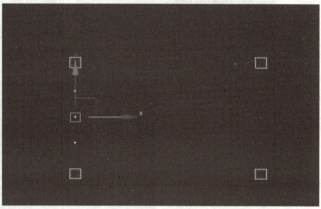

图 2.41　网格 1

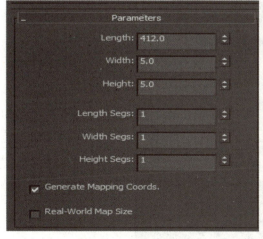
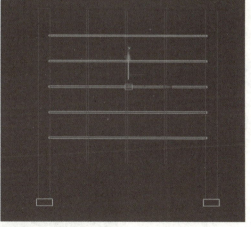

图 2.42　网格 2

（9）在【创建】面板中单击"Box"【长方体】工具，在场景中创建一个长方体，单击【修改器】在【修改】面板中修改参数，设置"Length"【长度】为 446 mm，"Width"【宽度】为 647 mm，"Height"【高度】为 28 mm，效果及参数如图 2.43 所示。

（10）在"Left"【左视图】中，按住【Shift】键复制中部挡板，效果如图 2.44 所示。

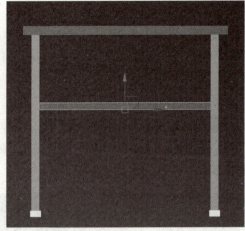

图 2.43　中部挡板

图 2.44　储物柜效果图

2.1.4　简易茶几模型

通过案例的练习，熟练掌握【圆柱体】工具、【移动并复制】工具、【对齐】工具的使用方法。

茶几效果图如图 2.45 所示。

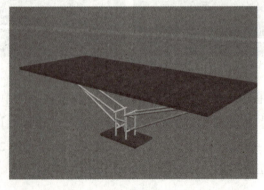

图 2.45　茶几效果图

具体创建步骤如下：

（1）启动 3ds Max 软件，将单位统一为毫米，效果如图 2.46 所示。

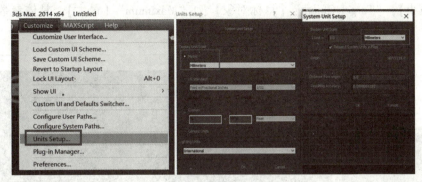

图 2.46　单位设置

（2）在【创建】面板中单击"Box"【长方体】按钮，在场景中创建一个长方体，单击【修改器】 在【修改】面板中修改参数，设置"Length"【长度】为 45 mm，"Width"【宽度】为 935 mm，"Height"【高度】为 550 mm，效果及参数设置如图 2.47 所示。

图 2.47　茶几面创建

（3）在【创建】面板中单击"Cylinder"【圆柱体】按钮，在场景中创建一个圆柱体，在"Parameters"【参数】栏下设置"Radius"【半径】为 20 mm，"Height"【高度】为 505 mm，"Sides"【边数】为 18，具体参数设置及模型效果如图 2.48 所示。

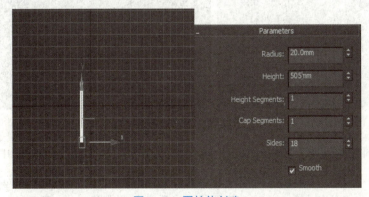

图 2.48　圆柱体创建

（4）切换到前视图，在主工具栏中单击【对齐】按钮，单击步骤（3）中新建的圆柱体，在弹出的对话框中设置对齐位置为【Y 位置】，"Current Object"【当前对象】为 "Minimum"【最小】，"Target Object"【目标对象】为 "Maximum"【最大】，具体参数设置如图 2.49 所示。

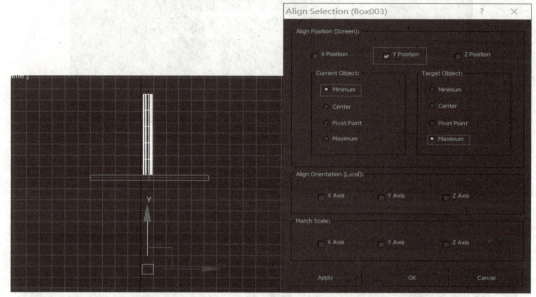

图 2.49 调整位置

（5）选择圆柱体模型，按住【Shift】键使用【移动并复制】工具 ✛ 在前视图中向右移动复制一个圆柱体，在弹出的 "Clone Options"【克隆选项】对话框中设置对象为 "Instance"【实例复制】，效果如图 2.50 所示。

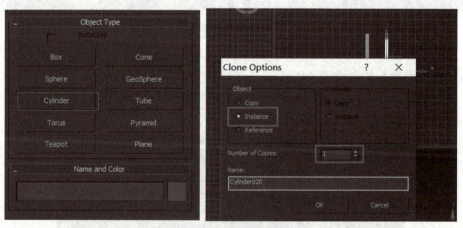

图 2.50 复制圆柱体

（6）选择圆柱体模型，按住【Shift】键使用【旋转】工具 ↻ 在前视图中向左旋转并打开【角度捕捉】工具，复制一个圆柱体，在弹出的 "Clone Options"【克隆选项】对话框中设置对象为 "Copy"【复制】，并移动位置修改参数，效果如图 2.51 所示。

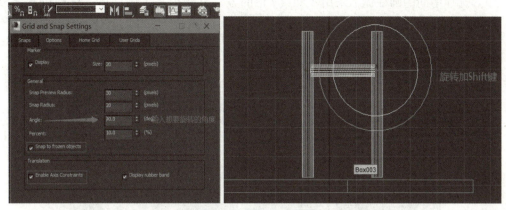

图 2.51　旋转复制圆柱

（7）选中圆柱体，在左视图中按住【Shift】键使用【移动并复制】工具，复制 1 个，调整位置，效果如图 2.52 所示。

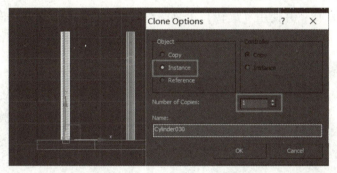

图 2.52　移动复制物体

（8）选择一个圆柱体模型，按住【Shift】键使用【旋转】工具 在左视图中向左旋转并打开【角度捕捉】工具，复制一个圆柱体，在弹出的"Clone Options"【克隆选项】对话框中设置对象为"Copy"【复制】，并移动位置修改参数，效果如图 2.53 所示。

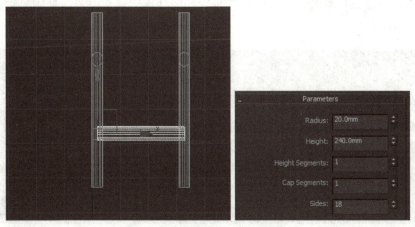

图 2.53　旋转复制中间圆柱体

（9）选择中间的圆柱体，采用步骤（7）的方法复制出一个圆柱体，移动位置修改参数，效果如图 2.54 所示。

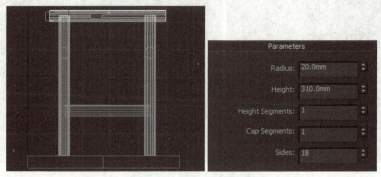

图 2.54　复制中间圆柱体

（10）在【创建】面板中单击"Cylinder"【圆柱体】按钮，在场景中创建一个圆柱体，在"Parameters"【参数】栏下设置"Radius"【半径】为 20 mm，"Height"【高度】为 2 080 mm，"Sides"【边数】为 18，并使用【旋转】工具调整位置，具体参数设置及模型效果如图 2.55 所示。

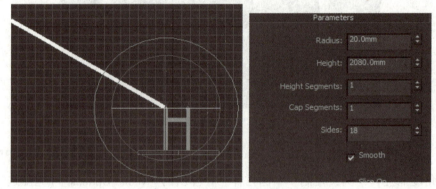

图 2.55　创建并旋转圆柱

（11）按住【Shift】复制步骤（10）新创建的圆柱体，调整位置，具体参数设置及模型效果如图 2.56 所示。

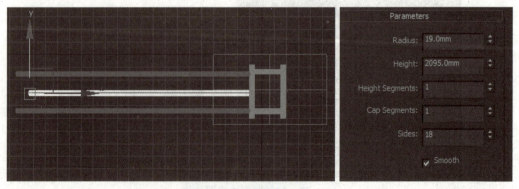

图 2.56　复制左边圆柱

（12）在顶视图中，复制横圆柱，调整位置及参数设置，效果如图 2.57 所示。

图 2.57　复制横圆柱、调整参数

（13）在【创建】面板中单击"Cone"【圆锥体】按钮，在场景中创建一个圆锥体，在"Parameters"【参数】栏下设置"Radius 1"【半径 1】为 30 mm，"Radius 2"【半径 2】为 11.5 mm，"Height"【高度】为 − 55 mm，然后再复制出一个新建的圆锥体，调整位置，具体参数设置及模型效果如图 2.58 所示。

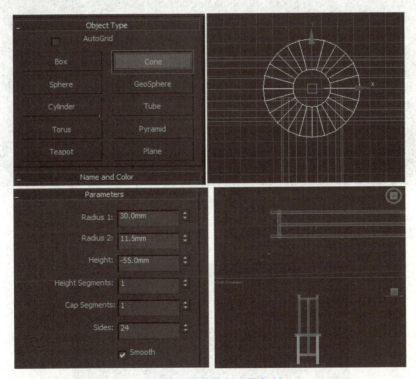

图 2.58　圆锥体新建及复制

（14）到顶视图中，用鼠标框选左边部分，按住【Shift】键使用【旋转】工具 在前视图中向左旋转并打开【角度捕捉】工具 复制另一半，在弹出的"Clone Options"【克隆选项】对话框中设置对象为"Instance"【实例复制】，并移动位置修改参数，效果如图

2.59 所示。

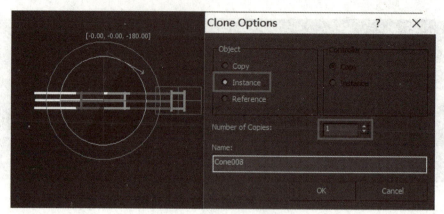

图 2.59　移动复制左边部分

（15）选中步骤（2）中的茶几面，按住【Shift】键向上拖动，调整位置，具体参数如图 2.60 所示。

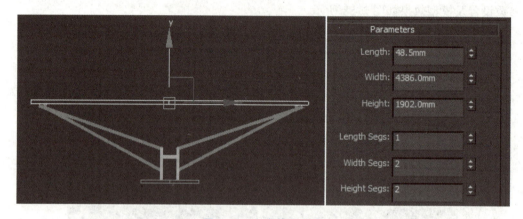

图 2.60　完成茶几上面

（16）茶几最终效果图如图 2.61 所示。

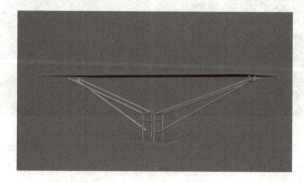

图 2.61　茶几最终效果图

2.1.5　使用 Mirror（镜像）工具制作简约书架

　　通过本案例的练习，熟练掌握【长方体】工具、【移动并复制】工具、【镜像】工具的使用方法。

　　简约书架效果图如图 2.62 所示。

书架操作视频

图 2.62　简约书架效果图

具体创建步骤如下：

　　（1）打开 3ds Max 软件，将系统单位和显示单位统一为毫米，如图 2.63 所示。

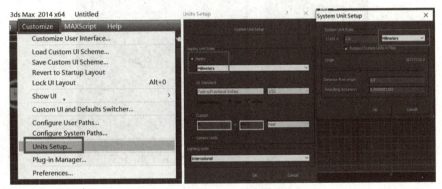

图 2.63　单位设置

　　（2）使用"Box"【长方体】工具在场景中创建一个长方体，在"Parameters"【参数】栏中设置"Length"【长度】为 400 mm，"Width"【宽度】为 35 mm，"Height"【高度】为 10 mm，效果如图 2.64 所示。

　　（3）继续使用"Box"【长方体】工具在场景中创建一个"Length"【长度】为 35 mm，"Width"【宽度】为 200 mm，"Height"【高度】为 10 mm 的长方体。使用【2.5D 捕捉】工具 将其对齐，具体参数设置及模型位置如图 2.65 所示。

　　（4）使用【移动并复制】工具 ，选择步骤（2）创建的长方体，按住【Shift】键在顶视图向左拖拽复制长方体至图 2.66 所示的位置，使用【2.5D 捕捉】工具 将其对齐。

　　（5）使用"Box"【长方体】工具在场景中创建一个"Lenght"【长度】为 160 mm，"Width"【宽度】为 10 mm，"Height"【高度】为 10 mm 的长方体，使用【2.5D 捕捉】工具将其对齐，具体参数设置及模型位置如图 2.67 所示。

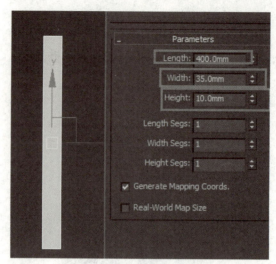

图 2.64　参数设置

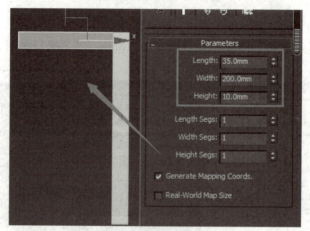

图 2.65　创建长方体调整位置

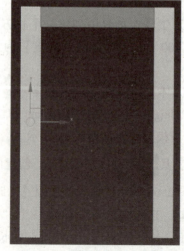

图 2.66　复制长方体调整位置

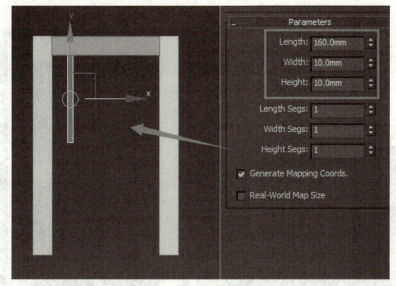

图 2.67　创建长方体调整位置

（6）使用【移动并复制】 工具选择上一步创建的长方体，按【Shift】键在顶视图中向右拖拽复制出两个长方体，得到如图 2.68 所示的位置。

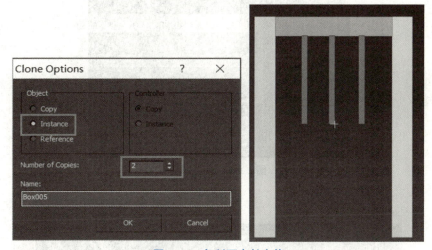

图 2.68　复制两个长方体

（7）使用【移动并复制】工具 选择步骤（3）创建的长方体，按【Shift】键在顶视图中向下拖拽复制出一个长方体，得到如图 2.69 所示的位置，使用【捕捉】工具将其对齐。

（8）按【Ctrl】+【A】组合键全选场景中的模型，执行"Group"【组】菜单命令，接着在弹出的"Group"【组】对话框中单击"OK"【确定】按钮，如图 2.70 所示。

（9）选择组 001，在【旋转】工具 上单击鼠标右键，在弹出的对话框中设置 X 的值为 −55，效果如图 2.71 所示。

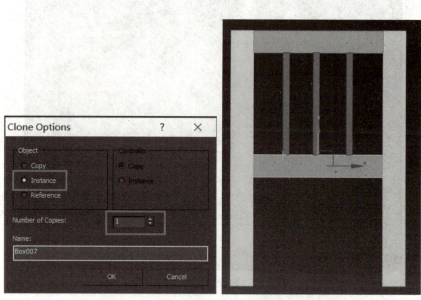

图 2.69　复制长方体调整位置

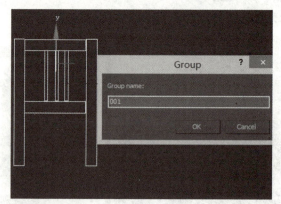

图 2.70　模型成组

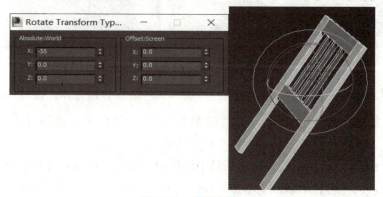

图 2.71　模型旋转

（10）选择组 001，单击【镜像】工具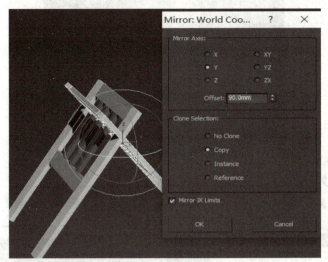，具体参数和模型效果如图 2.72 所示。

图 2.72　模型镜像

（11）简约书架最终效果图如图 2.73 所示。

图 2.73　简约书架最终效果图

2.2　Shapes（二维图形）建模

二维图形建模是先绘制出二维样条线，然后加载相应的修改器将其转换为三维模型的过程。

2.2.1　使用 Line（二维线条）制作卡通章鱼

通过本案例的学习，熟练掌握二维样条线的操作，掌握点层级下的各种点的调整方法。章鱼主要由头和脚两部分组成，可使用"Line"【二维线条】配合修改器进行创建。

卡通章鱼效果图如图 2.74 所示。

卡通章鱼操作视频

图 2.74　卡通章鱼效果图

具体创建步骤如下：

（1）打开 3ds Max 软件，将系统单位和显示单位统一为毫米，如图 2.75 所示。

图 2.75　系统单位设置

（2）下面制作主体模型。切换到前视图，在【创建】面板中单击▣，然后设置图形类型为 "Splines"【样条线】，接着单击 "Arc"【圆弧】按钮 Arc ，最后绘制出如图 2.76 所示的章鱼头部样条线。

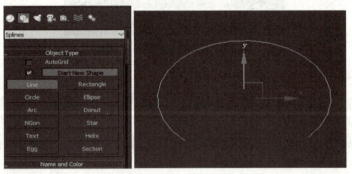

图 2.76　章鱼头部样条线图

（3）切换到【修改】面板，然后在 "Rendering"【渲染】栏下勾选 "Enable In Renderer"【在渲染中启用】和 "Enable In Viewport"【在视口中启用】，接着设置 "Radial"【径向】的 "Thickness"【厚度】为 1.8 mm，"Sides"【边】为 14，最后在 "Interpolation"【插值】栏下设置 "Steps"【步数】为 30，具体参数及效果如图 2.77 所示。

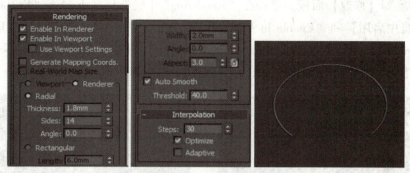

图 2.77　渲染参数及样条线效果图

（4）在【创建】面板中单击 "Circle"【圆】按钮，然后在前视图中绘制一个圆作为章鱼的眼睛，接着在【参数】栏下设置 "Radius"【半径】为 7.951 mm，图形位置如图 2.78 所示。

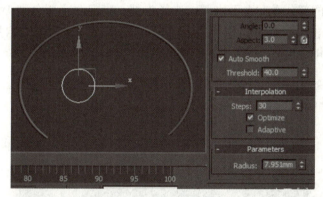

图 2.78　章鱼眼睛图

（5）继续使用【移动并复制】工具 ✛ 选择圆形，按【R】键【选择并均匀缩放】工具 ▣ ，接着在前视图中沿 Y 轴向下压扁，然后按住【Shift】键移动复制一个圆到图 2.79 的位置。

（6）采用相同的方法使用【圆弧】工具在前视图绘制出章鱼头部的其他部分，如图 2.80 所示。

图 2.79　章鱼头部部分图

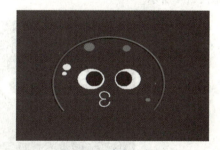

图 2.80　章鱼头部图

（7）接下来是脚的绘制。使用 "Line"【线】工具完成对章鱼脚部的绘制，对点进行调整，如图 2.81 所示。

（8）切换到【修改】面板，然后在"Rendering"【渲染】栏下勾选"Enable In Renderer"【在渲染中启用】和"Enable In Viewport"【在视口中启用】，接着设置"Radial"【径向】的"Thickness"【厚度】为1.8 mm，"Sides"【边】为14，最后在"Interpolation"【插值】栏下设置"Steps"【步数】为30，最终效果如图2.82所示。

图2.81 脚部样条线图

图2.82 章鱼基本图

（9）头部和脚的部分看上去不协调，选择头部、脚部两个部分"Attach"【附加】，然后在"Renderer"【渲染】栏下勾掉"Enable In Renderer"【在渲染中启用】和"Enable In Viewport"【在视口中启用】，如图2.83所示。

图2.83 参数设置图

（10）选择顶点级别，选中要焊接的两个点，在展栏下找到"Weld"【焊接】工具，效果图如图2.84所示。

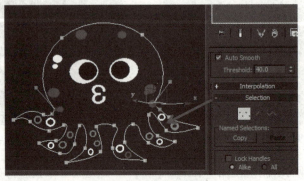

图2.84 点与点调整图

（11）最后在 "Rendering"【渲染】栏下勾选 "Enable In Renderer"【在渲染中启用】和 "Enable In Viewport"【在视口中启用】，如图 2.85 所示。

图 2.85　卡通章鱼最终效果图

2.2.2　使用 Line（二维线条）制作卡通猫咪

通过本案例的学习，熟练掌握渲染二维样条线的方法，掌握【挤出】工具的使用方法。卡通猫咪主要由头部、身体、四肢、服装等部分组成，可使用 "Spline"【样条线】配合修改器进行创建。

卡通猫咪的最终效果图如图 2.86 所示。

图 2.86　卡通猫咪的最终效果图

具体创建步骤如下：

（1）打开 3ds Max 软件，将系统软件单位和显示单位统一为毫米，如图 2.87 所示。

图 2.87　调整单位

（2）按【F】键到前视图，在【创建】面板中选择"Plane"【面片】工具，创建一个"Length"【长度】为150 mm，"Width"【宽度】为120 mm 的面片，如图2.88 所示。

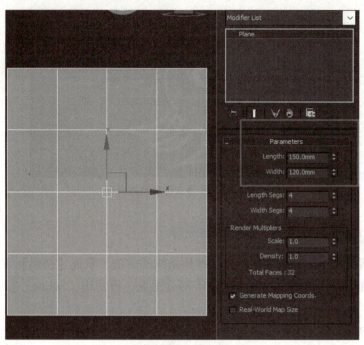

图2.88　创建面片

（3）按【M】键调出"Material Editor"【材质编辑器】，将猫咪线框图拖至材质球上，选中面片，单击【将材质指定给选定对象】工具 ，如图2.89 所示。

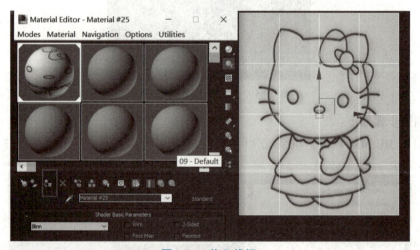

图2.89　拖入线框

（4）在【创建】面板中，设置图形类型为"Splines"【样条线】，单击"Line"【线】工具，如图2.90 所示。

（5）根据线框依次描出猫咪的头部、身体、蝴蝶结、裙子、手、脚、眼睛、鼻子和胡须，如图2.91 所示。

图 2.90　选择线工具

图 2.91　描线

（6）选中想要调节的线条，在【修改】面板中，进入点层级，调节点的位置。选中点，右击选择"Bezier"，调整点的位置，如图 2.92 所示。

图 2.92　调节点的位置

（7）框选所有线条，在【修改】面板中添加"Renderable Spline"【可渲染样条线】修改器，如图 2.93 所示。

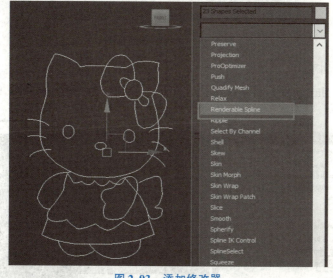

图 2.93　添加修改器

（8）渲染最终效果图如图 2.94 所示。

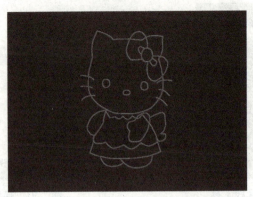

图 2.94　猫咪最终效果图

2.2.3　使用 Spline（样条线）制作台历

通过本案例的学习，熟练掌握渲染二维样条线的方法，掌握【挤出】工具的使用方法。台历主要由框架和纸张两部分组成，可使用"Spline"【样条线】配合修改器进行创建。

台历最终效果图如图 2.95 所示。

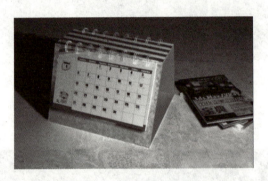

台历操作视频

图 2.95　台历最终效果图

具体创建步骤如下：

（1）打开 3ds Max 软件，将系统单位和显示单位统一为毫米，如图 2.96 所示。

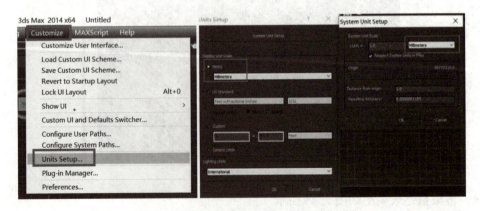

图 2.96　系统单位设置

（2）制作主体模型。切换到左视图，在【创建】面板中单击【图形】按钮，然后设置图形类型为"Splines"【样条线】，接着单击"Line"【线】工具，最后绘制出如图 2.97所示的样条线。

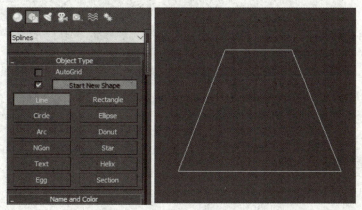

图 2.97　样条线图

（3）切换到面板，然后在【选择】栏下单击【样条线】按钮，进入样条线级别，接着选择整条样条线，如图 2.98 所示。

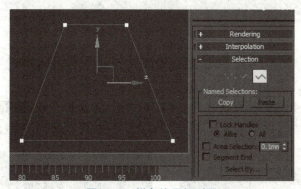

图 2.98　样条线子级别图

（4）展开【几何体】展栏，然后在【选择】栏下单击【轮廓】按钮 Outline 或按【Enter】键进行廓边操作，如图 2.99 所示。

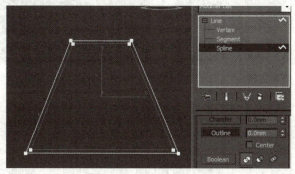

图 2.99　廓边图

（5）下面创建纸张模型。继续使用"Line"【线】工具，在左视图中绘制一些独立的样条线，如图 2.100 所示。

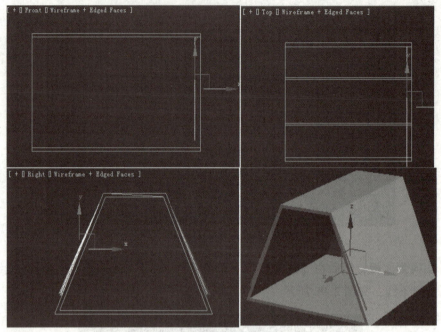

图 2.100　纸张创建图

（6）为每条样条线廓边 0.2 mm，然后为每条线加载"Exclude"【挤出】修改器，接着在【参数】栏下设置【数量】为 90，效果如图 2.101 所示。

（7）下面制作圆扣模型。在【创建】面板中单击【圆】按钮　Circle　，然后在左视图中绘制一个圆形，接着在【参数】栏下设置【半径】为 5.0 mm，图形位置如图 2.102 所示。

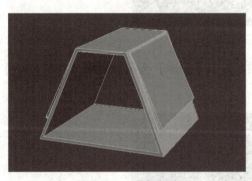

图 2.101　纸张成型

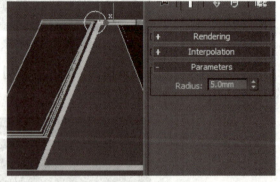

图 2.102　创建圆环

（8）选择圆形，切换到【修改】面板，然后在【渲染】栏下勾选【在渲染中启用】和【在视口中启用】选项，接着设置【径向】的【厚度】为 0.5 mm，具体参数设置及模型效果图如图 2.103 所示。

（9）使用【移动并复制】工具 ⊹ 在前视图中移动一些圆扣，如图 2.104 所示。

（10）台历最终效果图如图 2.105 所示。

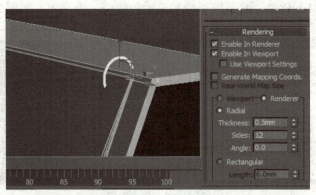

图 2.103　圆环参数设置

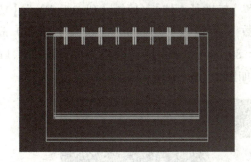

图 2.104　圆环创建完成图

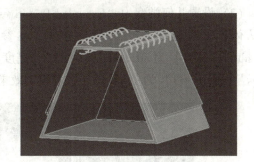

图 2.105　台历最终效果图

2.3　Compound Objects（复合对象）

　　复合对象建模是一种特殊的建模方法，可以将两种或两种以上的模型对象合并成形状较为复杂或不规则的一个对象。本节主要是通过复合对象建模来创建不规则的模型。

2.3.1　使用 ProBoolean（布尔运算）制作骰子

　　本案例主要讲使用布尔运算来制作骰子，使用两个不同的模型用布尔运算来创建一个新的模型，效果如图 2.106 所示。

图 2.106　骰子效果

骰子操作视频

（1）打开3ds Max 软件，将系统单位和显示单位统一为毫米，如图2.107所示。

图 2.107　单位设置

（2）设置几何类型为"Extended Primitives"【扩展基本体】，使用"ChamferBox"【切角长方体】工具创建一个切角长方体，在参数下面设置"Length"【长度】为80 mm、"Width"【宽度】为80 mm、"Height"【高度】80 mm、"Fillet"【圆角】为3 mm、"Fillet Segs"【圆角分段】为3，具体参数和模型效果如图2.108所示。

图 2.108　切角长方体具体参数设置

（3）回到几何体，找到"Standard Primitives"【标准基本体】，找到"Sphere"【球体】，在"Front"【前视图】创建一个"Sphere"【球体】，在参数下面设置"Radius"【半径】为12 mm。然后再在"Front"【前视图】的正后方创建六个半径为8 mm的"Sphere"【球体】，如图2.109所示。

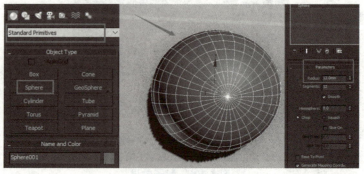

图 2.109　球体具体参数设置

（4）选择【移动】工具，按住【Shift】键加鼠标左键移动，复制半径为 8 mm 的 "Sphere"【球体】，放到适当的位置（一对六，二对五，三对四），如图 2.110 所示。

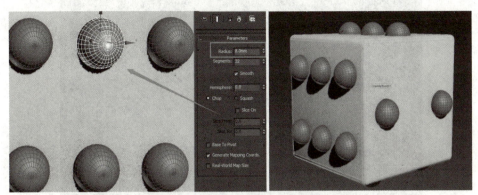

图 2.110　摆放好的小球

（5）选中所有创建的小球，选择 "Group"【组】进行打组，使球体全部成为一个整体，如图 2.111 所示。

图 2.111　将所有球体进行打组

（6）选择切角长方体，设置几何类型为 "Compound Objects"【复合对象】，单击 "Pro-Boolean"【超级布尔运算】按钮，在 "Start Picking"【开始拾取】下面设置运算 "Subtraction"【相减】，再单击 "Start Picking"【开始拾取】按钮，在视图中拾取刚才打组的球体，如图 2.112 所示。

（7）具体效果如图 2.113 所示。

2.3.2　使用 Loft（放样）工具制作窗帘

本案例主要介绍使用【放样】工具制作窗帘的方法，具体效果图如图 2.114 所示。

具体创建步骤如下：

（1）打开 3ds Max 软件，将系统单位和显示单位统一为毫米，如图 2.115 所示。

（2）在【创建】面板中，设置图形类型为 "Splines"【样条线】，接着 窗帘操作视频

选择 "Line"【线】工具在顶视图上面创建一条样条线，效果图如图 2.116 所示。

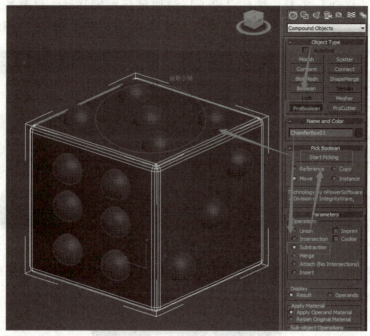

图 2.112　超级布尔运算拾取小球

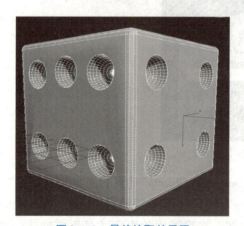

图 2.113　最终拾取效果图

图 2.114　窗帘效果图

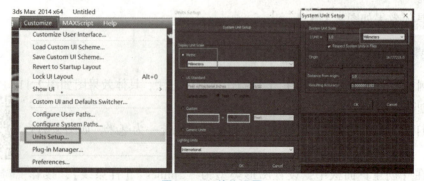

图 2.115　单位设置

图 2.116　样条线

（3）把线条转换为可编辑线条，然后选择点级别，右击使用"Smooth"【平滑】工具，具体效果图如图 2.117 所示。

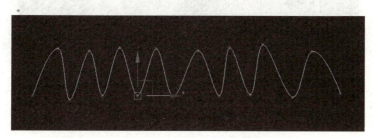

图 2.117　调整后样条线

（4）在【图形】面板中选择"Line"【线】工具，在前视图绘制一条样条线作为放样路径，如图 2.118 所示。

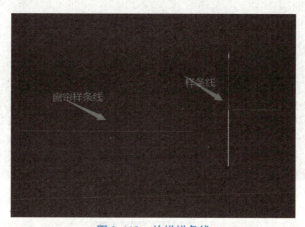

图 2.118　放样样条线

（5）选择多边形，设置几何类型为"Compound Objects"【复合对象】，然后选择"Loft"【放样】工具，接着在"Creation Method"【创建方法】栏下选择"Get Path"【获取路径】工具，最后拾取之前绘制的样条线，效果图如图 2.119 所示。

（6）选择窗帘"Loft"【放样】下面的线段级别，选取窗帘底部线条，按住 X 轴拖离，如图 2.120 所示。

（7）回到"Loft"【放样】，进入【修改】面板，然后在"Deformations"【变形】栏下面打开"Scale"【缩放】工具，调节如图 2.121 所示。

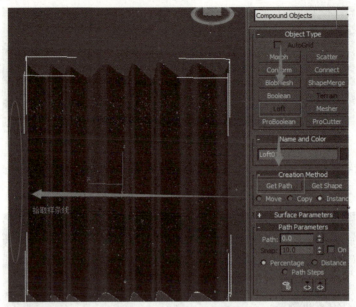

图 2.119　拾取后的窗帘

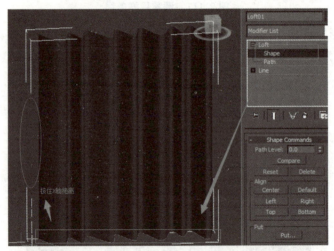

图 2.120　单边窗帘效果

图 2.121　缩放参数

（8）放样效果图如图 2.122 所示。

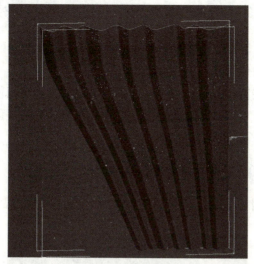

图 2.122　窗帘模型效果

（9）选择窗帘，使用【镜像】工具变为两个对称窗帘，如图 2.123 所示。

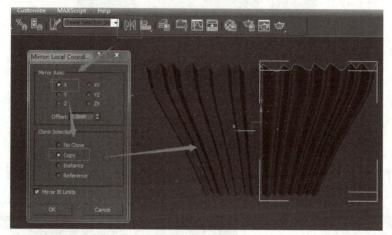

图 2.123　镜像

（10）将另一个窗帘移动到合适位置，如图 2.124 所示。

图 2.124　窗帘模型效果图

2.4　常用 Modify（修改器）建模

修改面板是 3ds Max 重要的组成部分，而修改器则是修改面板的灵魂。所谓修改器就是可以对模型进行编辑，改变其几何开关及属性的命令。

修改器对于创建一些特殊形状的模型具有强大的优势，因此当使用多边形建模等建模方法很难达到模型要求时，可以采用修改器进行制作。本节主要通过创建生活中常见的案例来掌握常用修改器的使用方法。

2.4.1　使用 Lathe（车削）修改器制作餐具

本案例主要介绍使用【车削】工具制作餐具的方法，具体效果如图 2.125 所示。

餐具操作视频

图 2.125　餐具效果

1. 车削工具制作高脚杯

（1）打开 3ds Max 软件，将系统软件单位和显示单位统一改为毫米，如图 2.126 所示。

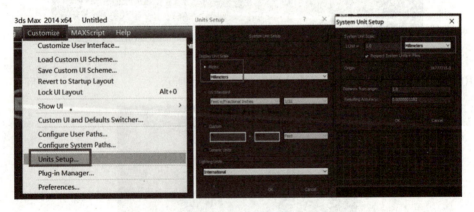

图 2.126　单位设置

（2）选择执行"Creat"【创建】|"Shapes"【图形】|"Line"【样条线】命令，在前视图中绘制样条线图形，如图 2.127 所示。

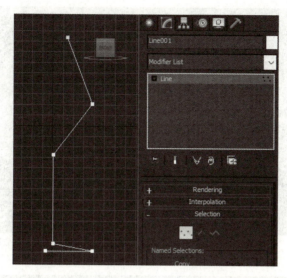

图 2.127　绘制样条线

（3）进入【修改】面板，单击快捷键【1】，进入样条线的【顶点】级别，选择顶点单击鼠标右键，将顶点类型更改为"Bezier Corner"【贝塞尔角点】方式，并调节各个顶点的弧度和位置，如图 2.128 所示。

图 2.128　调节角点

（4）选择样条线，在修改器下拉列表中选择"Lathe"【车削】修改器，此时会以样条线的中心为轴对样条线进行旋转，从而构成一个三维物体，如图 2.129 所示。

（5）在参数下面调整"Segments"【分段】为 40，设置方向为 Y 轴，对齐方式为"Max"【最大】，也可以选中"Lathe"【车削】修改器下的子层级 Axis，然后在前视图中拖动 X 轴进行调整，具体参数及模型效果如图 2.130 所示。

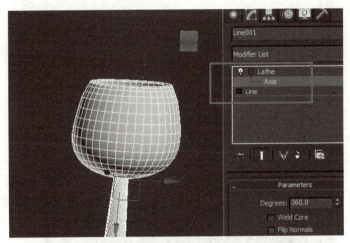

图 2.129 车削

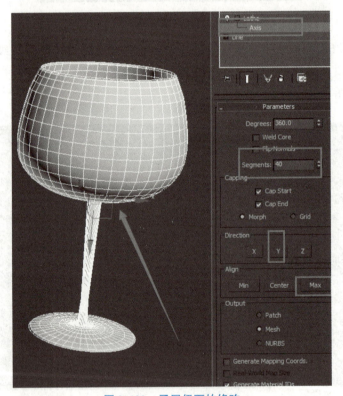

图 2.130 子层级下的修改

2. 车削工具制作盘子

（1）选择执行 "Creat"【创建】 | "Shapes"【图形】 | "Line"【样条线】命令，在前视图绘制出盘子切面线条，转化为 Bezier 点，调整至合适位置，如图 2.131 所示。

（2）为样条线添加一个 "Lathe"【车削】修改器，在参数下面调整 "Segments"【分段】为 40，设置方向为 Y 轴，对齐方式为 "Max"【最大】，具体参数及模型效果如图 2.132 所示。

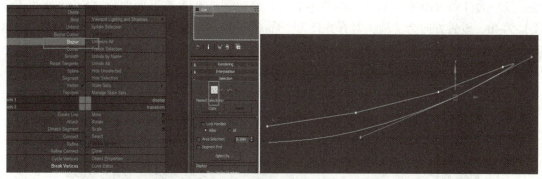

图 2.131　盘子切面线条

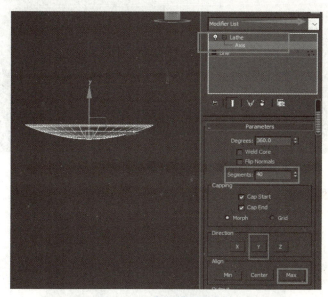

图 2.132　盘子模型及参数

3. 车削工具制作杯子

（1）选择执行"Creat"【创建】|"Shapes"【图形】|"Line"【样条线】命令，在前视图绘制出杯子切面线条，转化为 Bezier 点，调整至合适位置，如图 2.133 所示。

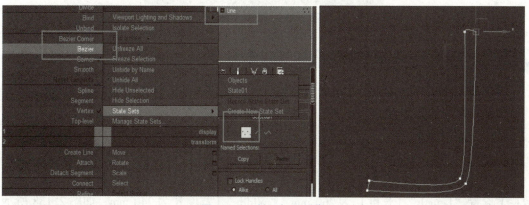

图 2.133　杯子切面线条

（2）为样条线添加一个"Lathe"【车削】修改器，在参数下面调整"Segments"【分段】为40，设置方向为 Y 轴，对齐方式为"Max"【最大】，具体参数及模型效果如图2.134所示。

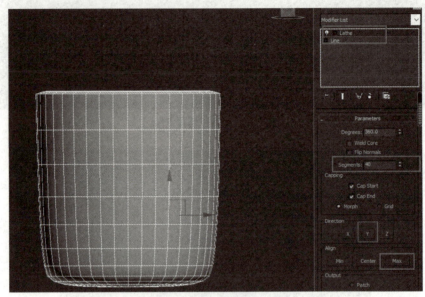

图 2.134　杯子模型及参数

（3）最终效果图如图2.135所示。

图 2.135　最终效果图

2.4.2　使用 Bevel Profile（倒角剖面）制作相框

通过本案例的学习，掌握【倒角剖面】修改器的使用方法。

相框效果图如图2.136所示。

具体创建步骤如下：

（1）打开 3ds Max，将系统单位和显示单位统一为毫米，如图2.137所示。

（2）使用"Rectangle"【矩形】工具在前视图绘制一个矩形，然后在参数栏下设置"Length"【长度】为260 mm，"Width"【宽度】为240 mm，如图2.138所示。

相框操作视频

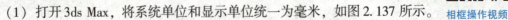

（3）单击【修改】面板创建，使用"Line"【线】工具，在顶视图创建图形，如图 2.139 所示。

图 2.136　相框效果图

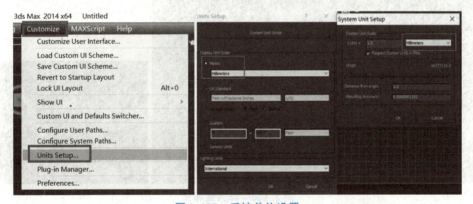

图 2.137　系统单位设置

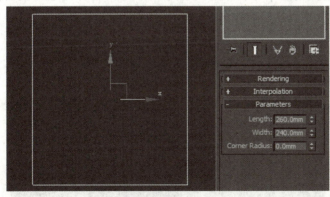

图 2.138　矩形图

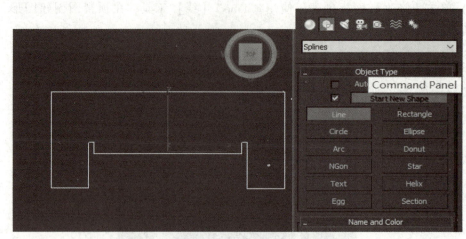

图 2.139　样条线

（4）切换到【修改】面板，进入【顶点】级别，然后单击鼠标右键，从弹出的列表中选择"Bezier Corner"【角点】，调整图形的形状，如图 2.140 所示。

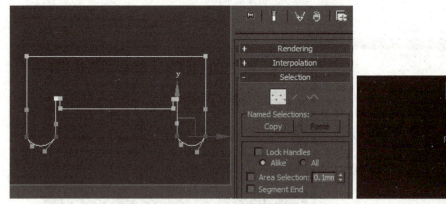

图 2.140　样条线调整

（5）在场景中选择矩形，在修改器列表的"Bevel Profile"【倒角剖面】中，选择"Pick Profile"【拾取剖面】工具，然后在场景中单击拾取剖面图形，如图 2.141 所示。

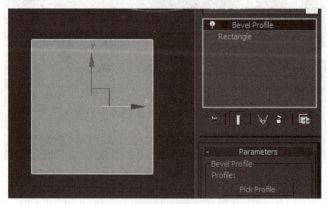

图 2.141　添加倒角剖面

（6）在场景中将图形定义为"Profile Gizmo"【剖面】，在场景中框选模型，并使用【选择并旋转】工具，如图 2.142 所示。

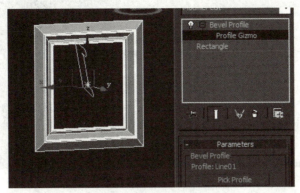

图 2.142　倒角剖面

（7）相框中间空余部分，使用"Plane"【面片】创建，最终效果图如图 2.143 所示。

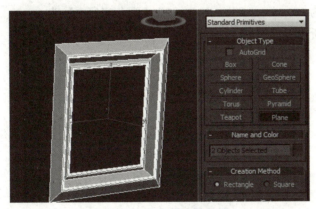

图 2.143　相框模型效果图

2.4.3　使用 Extrude（挤出）修改器制作吊灯

花朵吊灯主要由外面的花朵和里面的填充物两部分组成，可使用【样条】和【挤出】工具来实现。通过本案例的练习，掌握【挤出】工具的使用方法。

花朵吊灯效果图如图 2.144 所示。

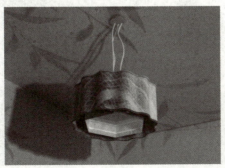

图 2.144　花朵吊灯效果图

吊灯操作视频

（1）打开 3ds Max 软件，将系统单位和显示单位统一为毫米，如图 2.145 所示。

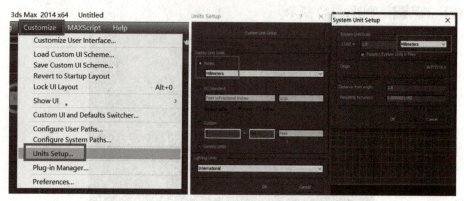

图 2.145　系统单位设置

（2）使用 Star 工具 在顶视图中绘制一个星形，然后在参数栏下设置"Radius 1"【半径1】为70 mm，"Radius 2"【半径2】为60 mm，"Points"【点】为12，"Fillet Radius 1"【圆角半径1】为10 mm，"Fillet Radius 2"【圆角半径2】为6 mm，具体参数设置及星形效果如图 2.146 所示。

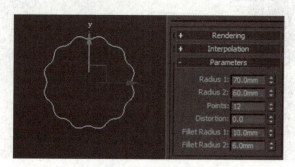

图 2.146　星形图

（3）选择"星形"，然后在渲染栏下勾选"Enable In Renderer"【在渲染中启用】和"Enable In Viewport"【在视口中启用】选项，接着设置【径向】的【厚度】为2.5 mm，具体参数如图 2.147 所示。

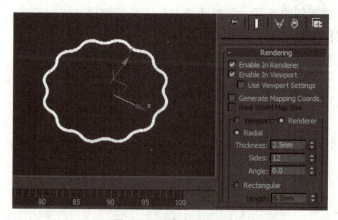

图 2.147　渲染星形图

（4）切换到前视图，然后按住【Shift】键使用【移动】工具 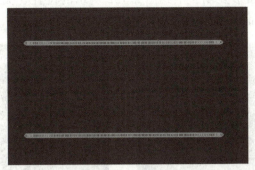 向下复制一个星形，如图 2.148 所示。

图 2.148　复制星形图

（5）继续复制一个星形到两个星形的中间，如图 2.149 所示，然后在【渲染】栏下勾选 "Rectangular"【矩形】选项，接着设置 "Length"【长度】为 60 mm，"Width"【宽度】为 0.5 mm，模型效果如图 2.149 所示。

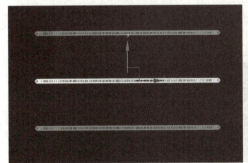

图 2.149　模型效果图

（6）使用 "Line"【线】工具，在前视图中绘制一条如图 2.150 所示的样条线，然后在渲染栏下勾选 "Enable In Renderer"【在渲染中启用】和 "Enable In Viewport"【在视口中启用】选项，接着设置【径向】的【厚度】为 1.2mm，如图 2.150 所示。

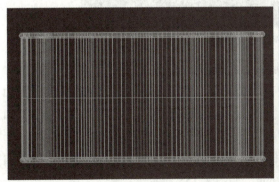
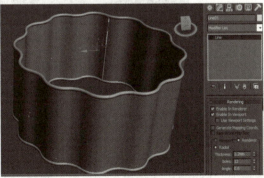

图 2.150　渲染星形图

（7）使用【仅影响轴】和【选择并旋转】星形复制一圈样条线，完成后如图2.151所示。

（8）将前面创建的星形复制一个到图2.152所示的位置（关闭"Enable In Renderer"【在渲染中启用】和"Enable In Viewport"【在视口中启用】选项）。

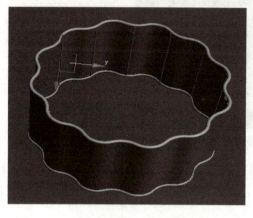

图2.151 样条线图

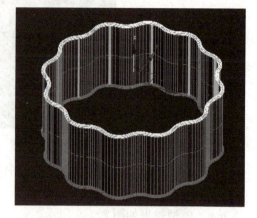

图2.152 星形图

（9）为星形加载一个"Extrude"【挤出】修改器，然后在参数栏下设置"Segments"【数量】为1，具体参数如图2.153所示。

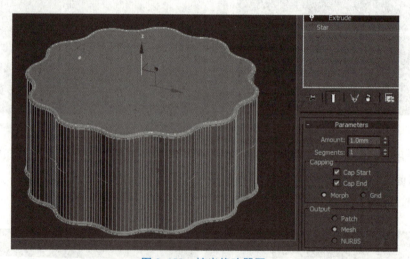

图2.153 挤出修改器图

（10）使用【Ngon】工具，在顶视图中绘制一个六边形，然后在参数栏下设置"Radius"【半径】为50 mm，如图，接着在渲染栏下勾选"Enable In Renderer"【在渲染中启用】和"Enable In Viewport"【在视口中启用】选项，最后设置【径向】的【厚度】为1.8 mm，如图2.154所示。

（11）选择上一步绘制的六边形，然后在相同位置复制一个六边形，关掉渲染，接着加载一个"Extrude"【挤出】修改器，数量为1 mm，如图2.155所示。

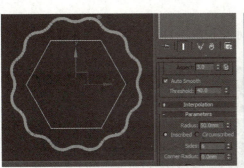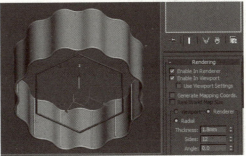

图 2.154 六边形图

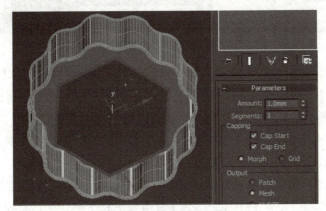

图 2.155 挤出修改器图

（12）选择没有挤出的六边形，然后在原始位置复制一个六边形，在渲染栏下勾选"Rectangular"【矩形】，最终效果图如图 2.156 所示。

2.4.4 使用 FFD（自由变形）修改器制作休闲椅

通过本案例的练习，能熟练掌握"FFD"【自由变形】修改器的使用方法。

休闲椅主要由柔软的坐垫和扶手组成，可通过"FFD"【自由变形】命令和"Extended Primitives"【扩展几何体】来创建坐垫、木制扶手，完成后的效果如图 2.157 所示。

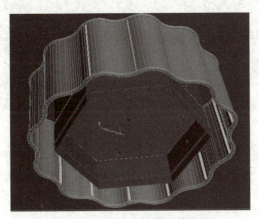

图 2.156 花朵吊灯模型效果图　　　图 2.157 休闲椅效果图

具体创建步骤如下：

（1）打开 3ds Max 软件，将系统单位和显示单位统一为毫米，如图 2.158 所示。

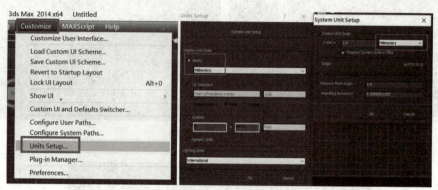

图 2.158　单位设置

（2）首先来制作靠垫。执行"Create"【创建】｜"Geometry"【几何体】｜"Extended Primitives"【扩展几何体】｜"ChamferBox"【切角立方体】命令，在前视图中创建"ChamferBox01"对象作为椅子的靠垫，进入【修改】面板，在修改器下拉列表中选择"FFD 3×3×3"【自由变形】修改器，进入修改器的"Control Points"【控制点】次物体级别，对椅子靠垫的个别点进行调节，并观察四个视图，如图 2.159 所示。

（3）坐垫的制作。选中靠垫打开角度捕捉按住【Shift】键进行旋转复制，并利用移动工具进行位置的调整，以及在 FFD 3×3×3【自由变形】下进入"Control Points"【控制点】次物体级别，对椅子靠垫的个别点进行调节，如图 2.160 所示。

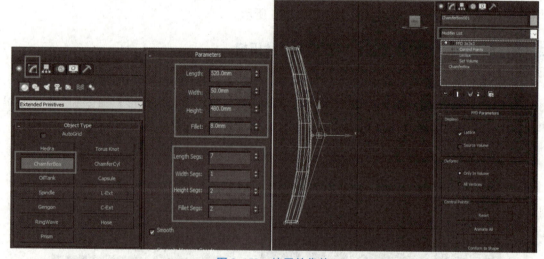

图 2.159　椅子的靠垫

（4）创建头部靠垫。执行"Create"【创建】｜"Geometry"【几何体】｜"Extend Primitives"【扩展几何体】｜"Spindle"【纺锤体】命令，在前视图中创建"Spindle 01"对象作为头部靠垫，并调节其参数和位置，如图 2.161 所示。

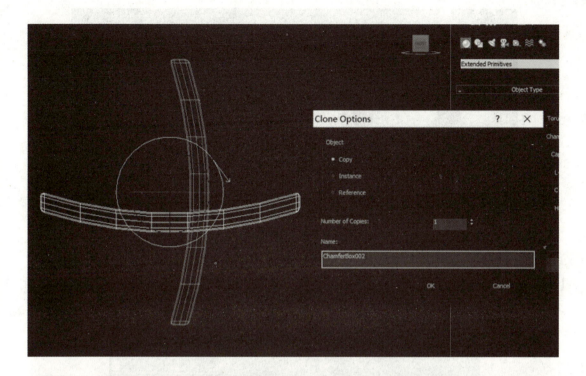

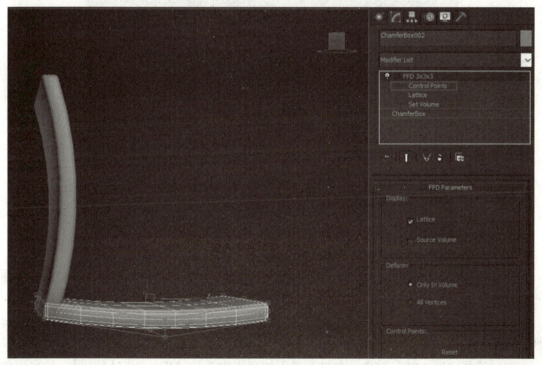

图 2.160　椅子的坐垫

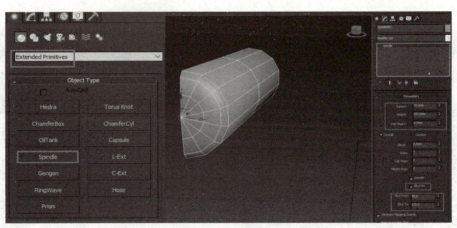

图 2.161　头部靠垫

（5）创建椅子的木结构。在【命令】面板中，执行"Create"【创建】｜"Shapes"【图形】｜"Line"【线】命令，在前视图中绘制一段类似椅子扶手轮廓的线条，如图 2.162 所示。

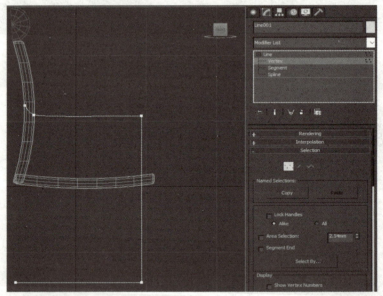

图 2.162　椅子的木结构

（6）进入样条线的【顶点】次物体级别，调节各个顶点的类型和位置，对转角处的顶点可执行"Fillet"【圆角】命令进行参数的调整（根据情况调整），如图 2.163 所示。

（7）选择所有线段，执行"Outline"【轮廓】命令，设置参数为 20 mm，如图 2.164 所示。

（8）选择"Line 01"对象，在修改器下拉列表中选择"Extrude"【挤出】，然出设置"Amount"【数量】为 40 mm，按住【Shift】键拖动复制一个"Line 01"对象作为另一边的扶手，如图 2.165 所示。

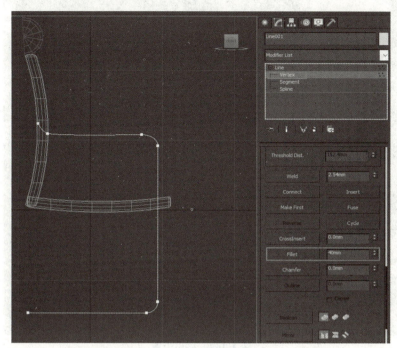

图 2.163 样条线

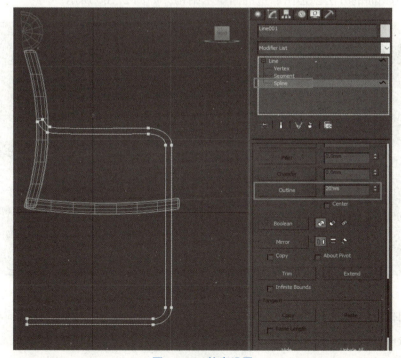

图 2.164 轮廓设置

图 2.165　挤出设置

（9）使用相同的方法创建出靠垫的固定木结构，如图 2.166 所示。

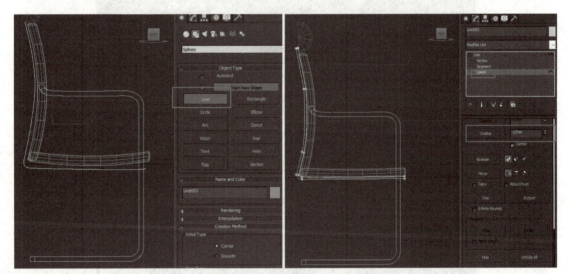

图 2.166　靠垫的固定木结构

（10）创建木结构的连接部分。执行"Create"【创建】｜"Geometry"【几何体】｜"Box"【立方体】命令，在需要连接的地方创建立方体，并调节各个立方体的参数，如图 2.167 所示。

（11）休闲椅模型效果图如图 2.168 所示。

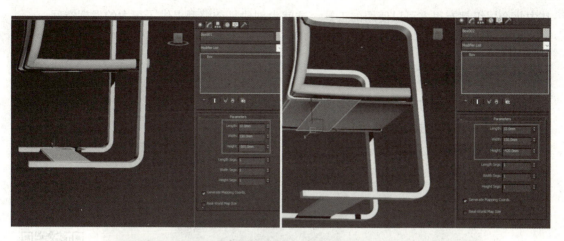

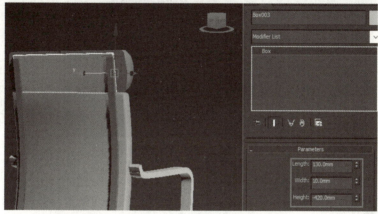

图 2.167　木结构的连接

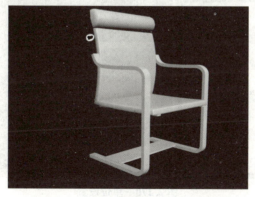

图 2.168　休闲椅模型效果图

2.5　Polygon（多边形）建模

多边形建模方法是最常用的建模方法，可编辑多边形对象包括"Vertex"【顶点】、"Edge"【边】、"Border"【边界】、"Polygon"【多边形】和"Element"【元素】5 个层级，其中每个层级都有很多可以使用的工具，这就为创建复杂模型提供了很大的发挥空间。

本节主要通过创建一些日常生活中常用的模型来讲解多边形建模常用的工具和方法。

2.5.1 衣柜模型

通过本案例的学习，熟练掌握多边形建模的"Connect"【连线】、"Chamfer"【切线】、"Extrude"【挤出】、"Bevel"【倒角】等工具的使用方法。

衣柜效果图如图2.169所示。

图 2.169 衣柜效果图

衣柜操作视频

具体创建步骤如下：

（1）打开3ds Max软件，将系统单位和显示单位统一为毫米，如图2.170所示。

图 2.170 单位设置

（2）在【命令】面板中，执行"Create"【创建】|"Geometry"【几何体】|"Box"【立方体】命令，在顶视图中绘制一个长方体，如图2.171所示，并将创建处的"Box01"重命名为"Cabinet"。

（3）将"Cabinet"对象塌陷成可编辑多边形，选择"Cabinet"对象单击鼠标右键，在弹出的四元菜单中选择"Convert To"【转换为】|"Convert to Editable Poly"【转换为可编辑多边形】，此时能对"Cabinet"对象进行更细致的编辑，如图2.172所示。

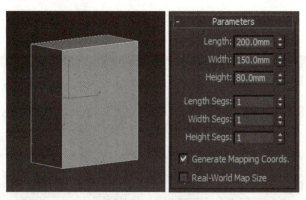

图 2.171　单位设置

图 2.172　多边形的转换

（4）单击键盘上的【4】键，进入【多边形】次物体级别，选择正面的多边形，单击"Bevel"【倒角】右侧的配置按钮，在弹出的倒角面板中设置参数，如图 2.173 所示。

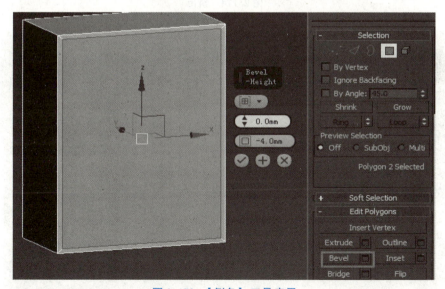

图 2.173　【倒角】工具应用

（5）选择倒角出的面，执行"Extrude"【挤出】命令。具体参数如图 2.174 所示。

（6）选择底部的面，单击"Bevel"【倒角】右侧的配置按钮，在弹出的倒角面板中设置参数，如图 2.175 所示。

（7）对倒角出的面先后执行【挤出】和【倒角】命令，如图 2.176 所示。

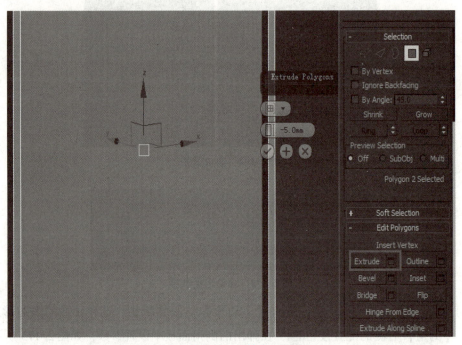

图 2.174　挤出

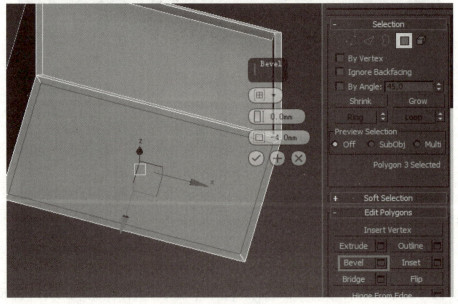

图 2.175　倒角

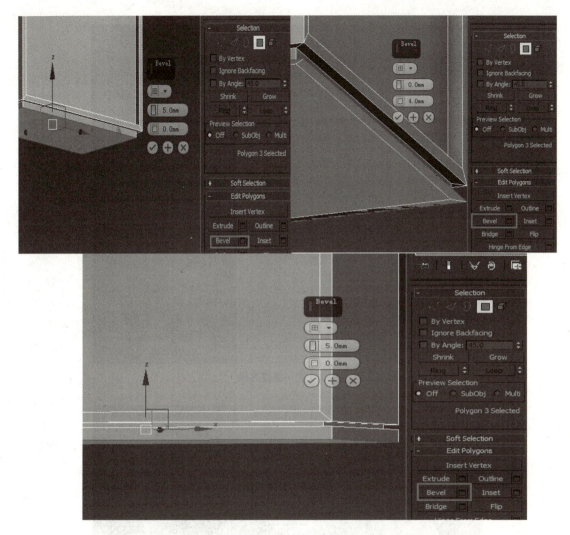

图 2.176　挤出和倒角

（8）添加柜门的细节。单击键盘上的【2】键，进入【边】次物体级别，选择中间所有的边，执行 "Connect"【连接】命令，确保选中的是【连接】命令生成的边线的前提下，继续执行 "Chamfer"【切线】命令，如图 2.177 所示。

（9）进入【多边形】次物体级别，选择中间的面执行【挤出】命令，向内挤出 – 10 mm，制作出两个柜门的接缝处，如图 2.178 所示。

（10）制作柜脚。执行 "Create"【创建】|"Geometry"【几何体】|"Box"【立方体】命令，在顶视图中创建 "Box01" 对象作为柜子的脚，并按住【Shift】键配合【移动】工具复制出另外三个柜脚，如图 2.179 所示。

（11）衣柜的创建至此便完成了，效果图如图 2.180 所示。

在这个模型的制作过程中，我们运用到了可编辑多边形中的一些基础命令，虽然命令非常简单，但是无论简单物体还是复杂物体都是由这些基础的操作一步一步完成的。

图 2.177　接缝连接

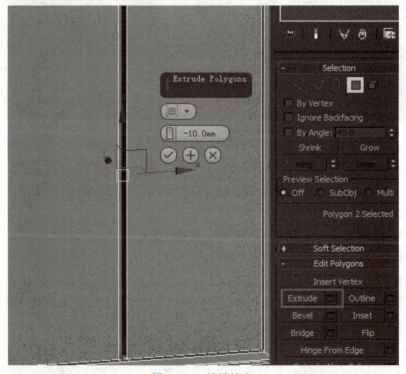

图 2.178　接缝挤出

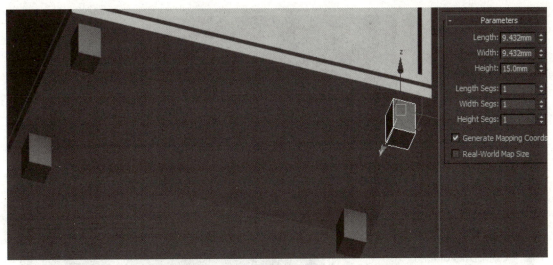

图 2.179　柜脚

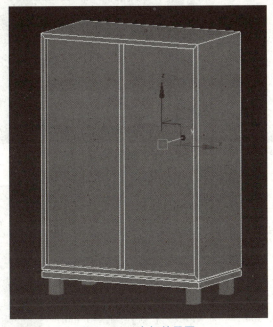

图 2.180　衣柜效果图

2.5.2　床头柜模型

通过本案例的学习，可熟练掌握多边形建模的"Chamfer"【切线】、"Extrude"【挤出】等工具的使用方法。

床头柜效果如图 2.181 所示。

具体创建步骤如下：

（1）打开 3ds Max 软件，将系统单位和显示单位统一设置为毫米，如图 2.182 所示。

图 2.181　床头柜效果

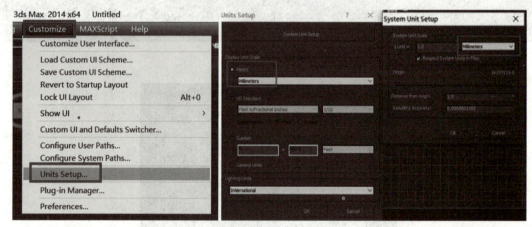

图 2.182　单位设置

（2）选择"Create"【创建】选项卡下"Geometry"【几何体】并在其下拉选框中，选择"Standard Primitives"【标准基本体】，此时下方有诸多选项，在这个项目中需要使用"Box"【长方体】工具，具体面板如图 2.183 所示。

（3）使用"Box"【长方体】工具在"透视图"中创建一个长方体，然后在修改面板中修改"Box"【长方体】的"Length"【长度】为 140 mm，"Width"【宽】为 240 mm，"Height"【高】为 120 mm，"Length Segs"【长度分段】设置为4，"Width Segs"【宽度分段】设置为3，"Height Segs"【高度分段】设置为1，具体建模参数如图 2.184 所示。

图 2.183　创建面板设置

（4）选中"Box"【长方体】右击，在出现的面板中选择"Convert To"【转换】转换为"Convert to Editable Poly"【可编辑多边形】，如图 2.185 所示。

（5）在【多边形建模】面板中单击【顶点】按钮■■，进入【顶点】级别，然后按快捷键【F】后再按【Z】进入前视图以最大化显示，选择【选择并缩放】工具调节点，效果如图 2.186 所示。

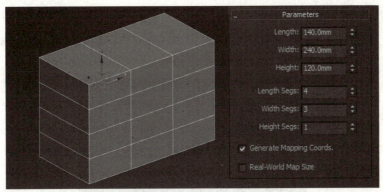

图 2.184　参数设置

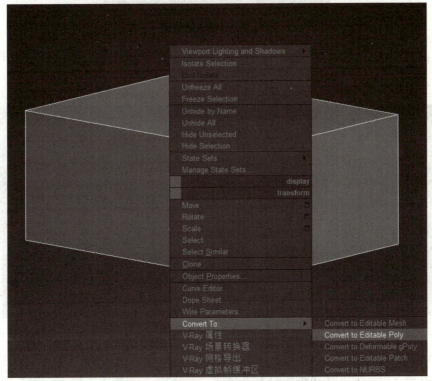

图 2.185　多边形的转换

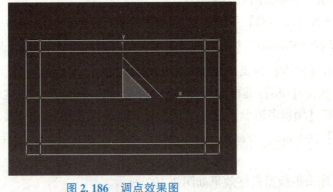

图 2.186　调点效果图

（6）在多边形建模面板中单击【多边形】按钮，进入【多边形】级别，接着在多边形面板中选择"Extrude"【挤出】工具，设置"Height"【高度】为－120 mm，效果如图2.187所示。

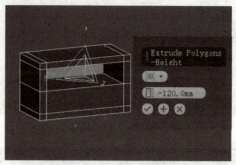

图2.187　挤出效果图

（7）选择模型，在面板中单击【边】按钮，进入【边】级别，然后选中对角的两边，如图2.188所示。

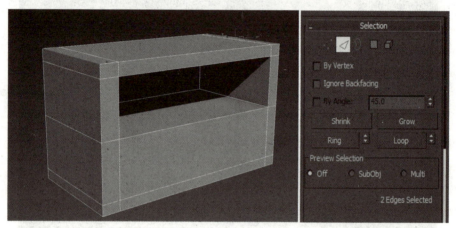

图2.188　线级别设置

（8）保持对边的选择，在【边】面板中选择"Chamfer"【切角】工具后面的【切角设置】，设置"Chamfer"【切角边量】为8 mm，"Segments"【连接边分段】为4，单击【确认】按钮。效果如图2.189所示。

（9）进入【多边形】级别，选中模型下方需要挤出抽屉的面。在【多边形】面板下的选项卡中选择"Extrude"【挤出】工具后面的【挤出设置】，设置"Height"【高度】为2 mm，单击【确认】按钮，如图2.190所示。

（10）按住【Ctrl】键再选择【边】级别，此时就会选中在这个面中的所有线，然后在"Edit Edges"【编辑多边形】选项卡选择"Chamfer"【切角】工具，设置"Chamfer Amount"【切角变量】为1 mm，"Segments"【连接边分段】为1，单击【确认】按钮，效果如图2.191所示。

（11）床头柜模型最终效果如图2.192所示。

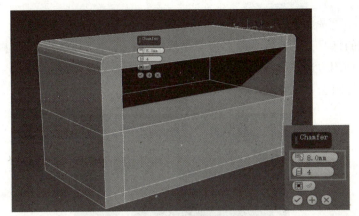

图 2.189　切角效果图

图 2.190　抽屉挤出效果

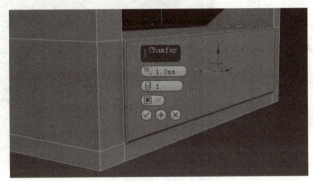

图 2.191　切角效果

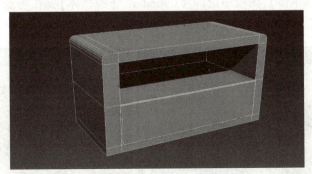

图 2.192　床头柜效果图

2.5.3　手电筒模型

通过此案例的练习，可熟练掌握多边形建模的"Extrude"【挤出】、"FFD（cyl）"【自由变形】工具的使用方法。

手电筒效果如图2.193所示。

手电筒操作视频

图2.193　手电筒效果

具体创建步骤如下所示：

（1）打开3ds Max软件，将系统单位和显示单位统一为毫米，如图2.194所示。

图2.194　单位设置

（2）在【标准基本体】面板中选择"Cylinder"【圆柱体】，在场景中创建一个圆柱体，在修改面板下设置其半径、高度，如图2.195所示。

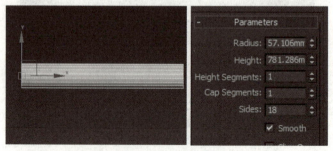

图2.195　参数设置

（3）单击鼠标右键选择"Convert To | Convert to Editable Poly"【可编辑多边形】选项将圆柱体转换成可编辑多边形，如图 2.196 所示。

（4）切换到多边形的【线】次物体级别，选择如图 2.197 所示的线。

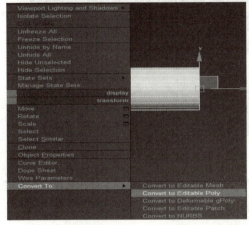

图 2.196　转多边形

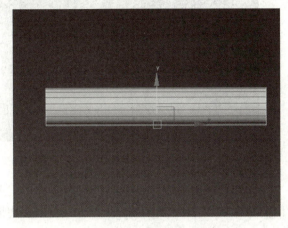

图 2.197　线段层级

（5）单击鼠标右键，选择"Connect"【连线】命令，连接两条线，如图 2.198 所示。

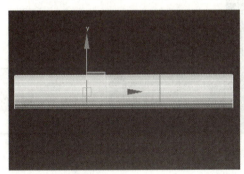

图 2.198　参数设置

（6）切换到多边形的【面】次物体级别，选择面，选择"Detach"【分离】命令进行手电筒筒头的分离，命名为"tou"，如图 2.199 所示。

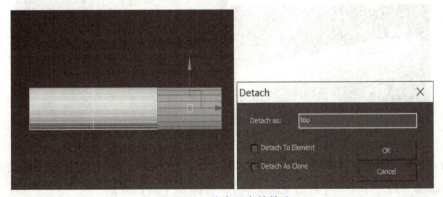

图 2.199　分离手电筒筒头

（7）切换到多边形的【线】次物体级别，选择线，选择"Chamfer"【切角】命令，如图 2.200 所示。

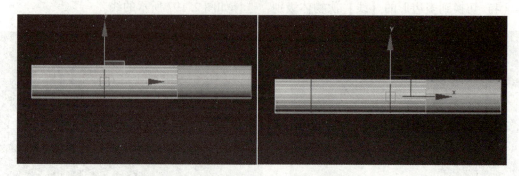

图 2.200　切角

（8）切换到多边形的【面】次物体级别，选择面，选择"Extrude"【挤出】命令，挤出类型选择第三种（By Polygon）方式，以多边形的形式各自独立挤出，如图 2.201 所示。

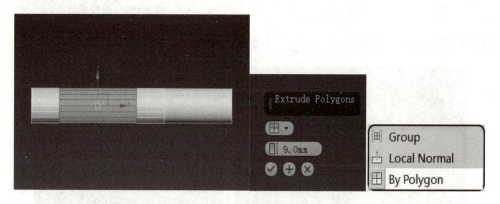

图 2.201　挤出

（9）切换到多边形的【线】次物体级别，选择如图 2.202 所示的线，选择"Connect"【连线】命令。

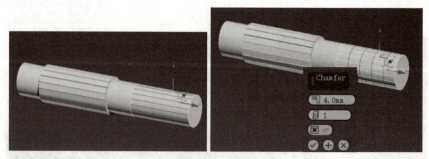

图 2.202　连线

（10）选中【切角】工具，切除 4 条线段，如图 2.203 所示，选中手电筒的筒头，在修改面板中添加"FFD(cyl)"【自由变形工具】，切换到【点】级别。

图 2.203　手电筒手柄

（11）选择最右边的 3 圈的点，选择【自由缩放】工具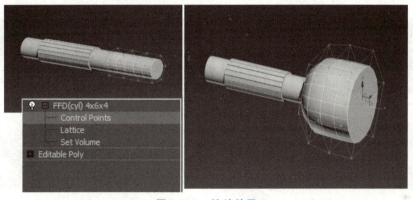，沿着 Y、Z 轴进行缩放，如图 2.204 所示。

图 2.204　缩放效果

（12）同步骤（11），选择右边的 2 圈的点，继续用缩放工具进行放大，或切换到【左】视图进行放大，如图 2.205 所示。

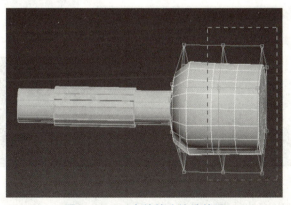

图 2.205　手电筒筒头缩放效果

（13）切换到多边形的【线】次物体级别，选择如图 2.206 所示的线，选择 "Connect"【连线】命令，添加 1 条线段。

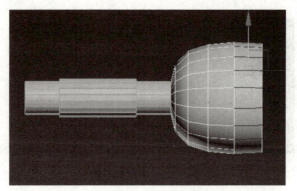

图 2.206　连线

（14）切换到多边形的【面】次物体级别，选择右边的面，选择"Extrude"【挤出】命令，选择第二种以法线的方式挤出 10 mm，完成的效果如图 2.207 所示。

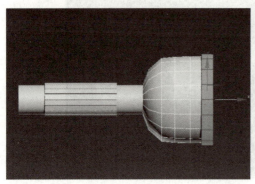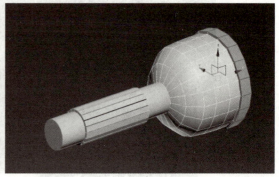

图 2.207　挤出效果

（15）制作手电筒的玻璃部分，选择如图 2.208 所示的面，挤出 – 14 mm，效果如图 2.208 所示。

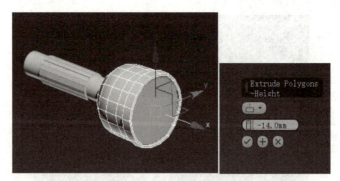

图 2.208　玻璃部分效果

（16）手电筒模型完成的效果如图 2.209 所示。

2.5.4　台灯模型

本案例通过多边形建模的方法实现台灯模型的创建，效果如图 2.210 所示。

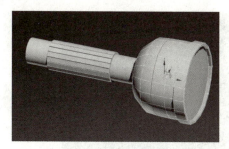

图 2.209　手电筒模型效果

图 2.210　台灯效果

具体创建步骤如下：

（1）打开 3ds Max 软件，将系统单位和显示单位统一设置为毫米，如图 2.211 所示。

图 2.211　单位设置

（2）在"Standard Primitives"【标准基本体】面板中，选择"Cylinder"【圆柱体】，在场景中创建一个切角圆柱体，半径为 23 mm，高为 50 mm，圆角为 4 mm，效果如图 2.212 所示。

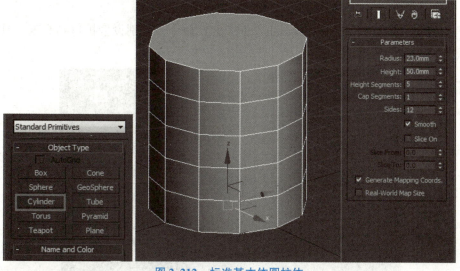

图 2.212　标准基本体圆柱体

（3）在几何体上单击鼠标右键，选择"Convert To | Convert to Editable Poly"【可编辑多边形】选项将几何体转换成可编辑多边形，如图 2.213 所示。

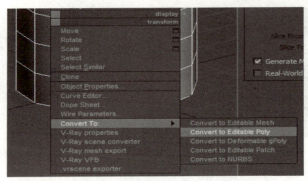

图 2.213　转换成可编辑多边形

（4）切换到多边形的【面】次物体级别，选中面，应用"Inset"【插入】命令，将面边缘向内扩大，具体参数如图 2.214 所示。

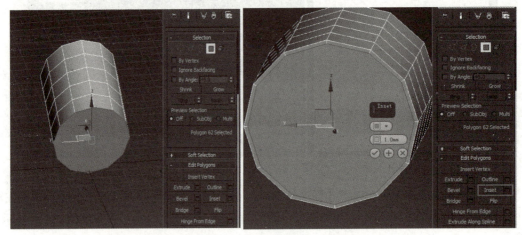

图 2.214　缩放边缘

（5）选择底部的面，应用"Extrude"【挤出】命令，分别设置扩边和高度，具体参数如图 2.215 所示。

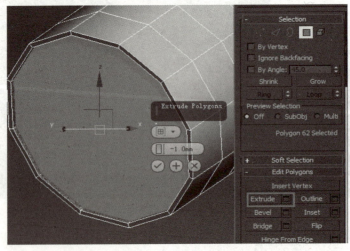

图 2.215　挤出

（6）切换到多边形的【线】次物体级别，选中对象五条线段，效果如图 2.216 所示。

（7）用等比缩放工具 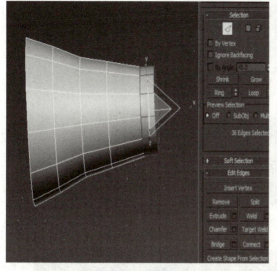，快捷键为【R】，进行等比例缩放，效果如图 2.217 所示。

图 2.216　选线　　　　　　　　　　　　　　　　图 2.217　缩放效果

（8）切换到多边形的【线】次物体级别，选中灯罩边缘的线，应用 "Chamfer"【切角】命令，具体参数如图 2.218 所示。

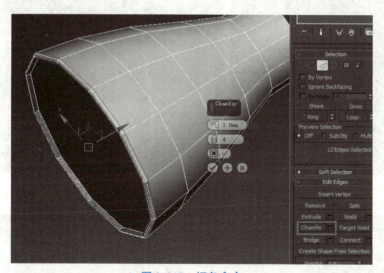

图 2.218　切角命令

（9）找到样条线菜单，并创建一个 "Line"【线段】，具体参数如图 2.219 所示。

（10）然后，渲染样条线，适当调整参数，并调整其位置，如图 2.220 所示。

（11）在场景中创建一个 "Cylinder"【圆柱体】，选中模型沿 Z 轴复制一个半径大于底座的圆柱体，如图 2.221 所示，作为台灯的底座。

（12）选择底座，应用【复合对象】选项下 "ProBoolean"【超级布尔】工具中的【差集】拾取上面的圆柱体，得到平滑倾斜的面，效果如图 2.222 所示。

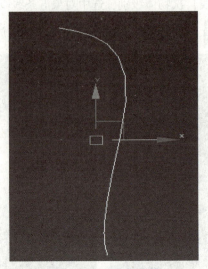

图 2.219　创建螺旋线

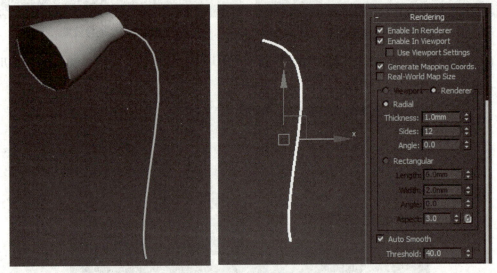

图 2.220　台灯框架

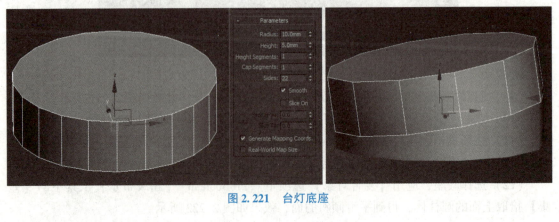

图 2.221　台灯底座

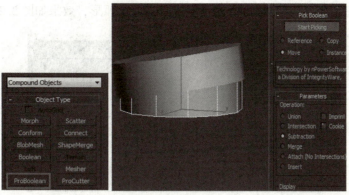

图 2.222　底座倒角效果

（13）切换到多边形的【线】次物体级别，将得到的底座上下面的外圈线选中，效果如图 2.223 所示。

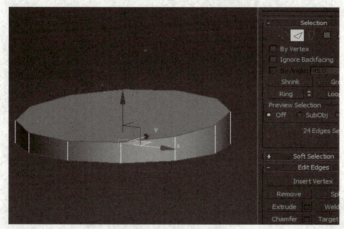

图 2.223　底座外圈线

（14）应用"Chamfer"【切角】命令，进行切角操作，"Height"【高度】和"Outline"【轮廓】具体参数分别为 0.1 mm 和 6 mm，然后调整位置即可，效果如图 2.224 所示。

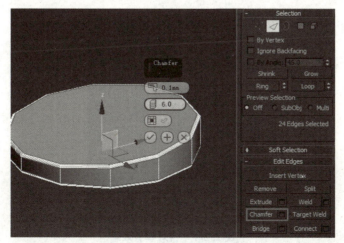

图 2.224　底座外圈线倒角

（15）在底座上面，使用"Line"【线】工具描绘出弧形，效果如图 2.225 所示。

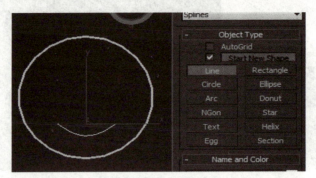

图 2.225　线

（16）将所得的弧形线转换为可编辑样条线，效果如图 2.226 所示。

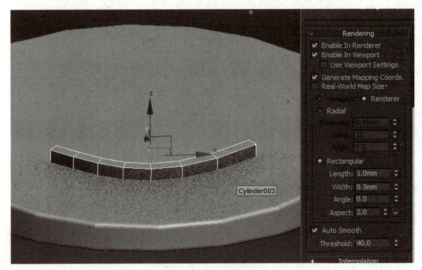

图 2.226　样条线

（17）台灯模型完成，效果如图 2.227 所示。

图 2.227　台灯模型效果

2.5.5　大檐帽模型

通过本案例的练习，可熟练掌握【移动复制】工具、【对齐间隔】工具的使用方法。帽子效果图如图 2.228 所示。

图 2.228　大檐帽效果图

具体创建步骤如下：

（1）打开 3ds Max 软件，将系统单位和显示单位统一设定为毫米，如图 2.229 所示。

图 2.229　单位设置

（2）在【创建】面板中单击"Sphere"【球体】工具，在场景中创建一个球体，在【修改】面板中修改参数，设置"Radius"【半径】为 550 mm，"Segments"【分段】为 32，效果及参数设置如图 2.230 所示。

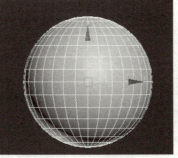

图 2.230　球体参数

（3）将"Sphere"【球体】转换成"Convert to Editable Poly"【可编辑多边形】，进入【多边形】子层级，选中图中对应的面并删除，然后把剩余的部分沿 Y 轴进行压缩，如图 2.231 所示。

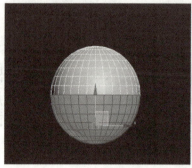

图 2.231　删除圆面

（4）在前视图中，单击可编辑多边形进入【边界】层级，选中物体的边界，按住【Shift】键对选中的边界进行缩放复制，缩放边界如图 2.232 所示。

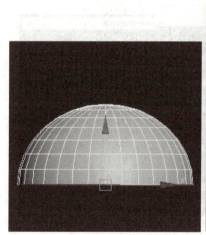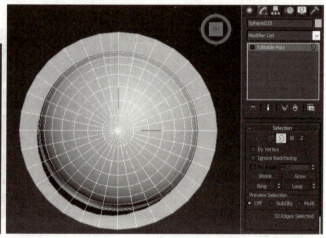

图 2.232　缩放边界

（5）在顶视图中，选中图形边界，按住【Shift】键进行复制，然后在前视图进行提高拖动，再复制提高两次，效果如图 2.233 所示。

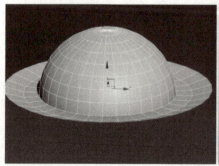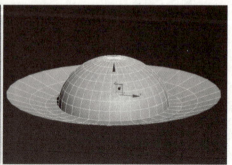

图 2.233　复制提高

（6）在顶视图中，进入可编辑多边形【线段】子层级，选中图形线段，然后沿着 Z 轴向上拉进行提高拖动，效果如图 2.234 所示。

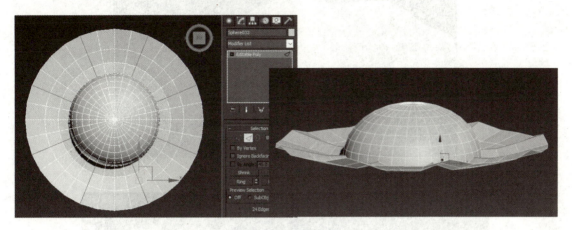

图 2.234　提高线段

（7）在顶视图中进入【线】层级，选中图形线段，沿着 Z 轴向下拉低线段，如图 2.235 所示。

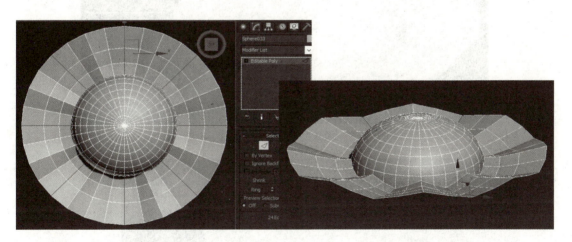

图 2.235　拉低线段

（8）在"Modifier List"【修改列表】中，为可编辑多边形添加"Shell"【壳】，设置"InnerAmount"【内部量】为 2.43 mm，"Outer Amount"【外部量】为"2.89 mm"，参数及效果如图 2.236 所示。

（9）在"Modifier List"【修改列表】中，为可编辑多边形添加"MeshSmooth"【网格平滑】修改器，效果如图 2.237 所示。

（10）将物体转换成"Convert to Editable Poly"【可编辑多边形】，进入【线】层级，选中线，勾选"Loop"【循环】，然后使用"Greate Shape From Selection"【利用所选内容创建线】，如图 2.238 所示。

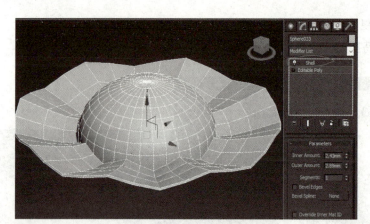

图 2. 236　"Shell"壳

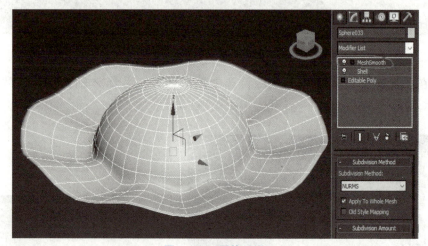

图 2. 237　网格平滑

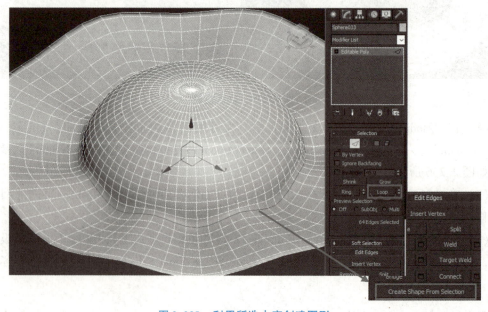

图 2. 238　利用所选内容创建图形

（11）在顶视图中，使用缩放工具把上一步创建的图形稍微放大一圈。然后创建一个"Sphere"【球体】，在菜单栏工具中选择"Align"【对齐】、"Spacing Tool"【间隔工具】，然后单击"Pick Path"【拾取路径】，更改"Count"【计数】，参数及效果如图 2.239 所示。

图 2.239　间隔工具

（12）选中第（10）步中创建的图形线，在"Modifier List"【修改列表】中选择"Renderable Spline"【可渲染样条线】，参数及效果如图 2.240 所示。

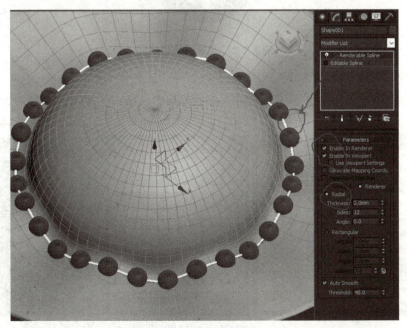

图 2.240　可渲染样条线效果图

（13）大檐帽模型效果图如图2.241所示。

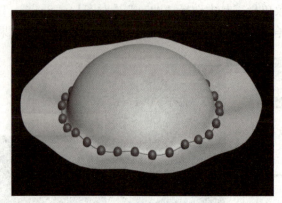

图2.241 大檐帽模型效果图

2.5.6 综合小案例——足球模型

通过本案例的学习，可进一步巩固多边形建模方法，同时通过案例后面的拓展提前了解多维子材质的使用方法，可为后期材质的学习奠定基础。

足球最终效果图如图2.242所示。

足球操作视频

图2.242 足球最终效果图

具体创建步骤如下：

（1）打开 3ds Max 软件，将系统软件单位和显示单位统一为毫米，如图2.243所示。

图2.243 调整单位

（2）使用"Extended Primitives"【扩展基本体】中的"Hedra"【异面体】工具，创建一个异面体，半径为110.5 mm，如图2.244所示。

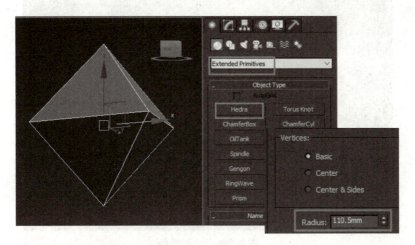

图 2.244　创建异面体

（3）在【修改】面板的参数栏中，"Family"【系列】选择"Dodec/Icos"【十二面体/二十面体】，"Family Parameters"【系列参数】中 P 的参数设置为0.33，如图2.245所示。

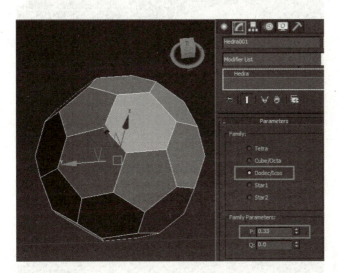

图 2.245　十二面体

（4）选中异面体，右击"Convert To"【转化为】|"Convert to Editable Poly"【可编辑多边形】，进入【线段】子层级，选中异面体所有的线段，单击右边面板的"Spilt"【分割】命令，对线段进行分割，这样会使其中的每一个多边形都成为一个独立的多边形，如图2.246所示。

（5）回到异面体的上一级，为其添加"MeshSmooth"【网格平滑】修改器，此时看不到任何变化，如图2.247所示。

（6）在此基础上再添加"Spherify"【球形化】修改器，如图2.248所示。

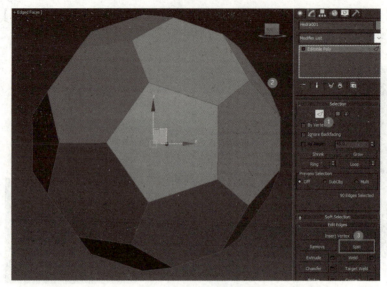

图 2.246　分割线条

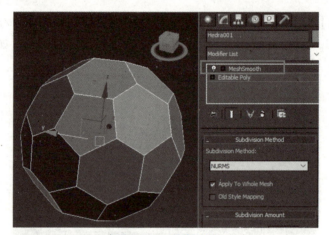

图 2.247　网格平滑

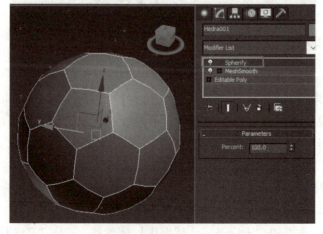

图 2.248　球形化

（7）选中异面体，右击"Convert To"【转化为】|"Convert to Editable Poly"【可编辑多边形】。进入【多边形】子层级，再选中所有面，单击面板中的"Extrude"【挤出】命令，挤出形式为"Group"【组】，参数为 1.5 mm，如图 2.249 所示。

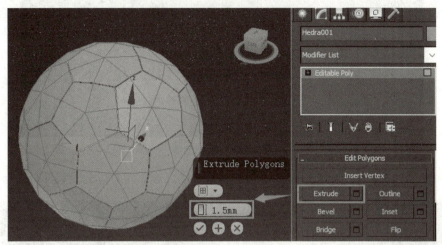

图 2.249　挤出

（8）回到异面体的上一级，再次为其添加"MeshSmooth"【网格平滑】修改器，"Subdivision Method"【细分方法】为"Quad Output"【四边形输出】，如图 2.250 所示。

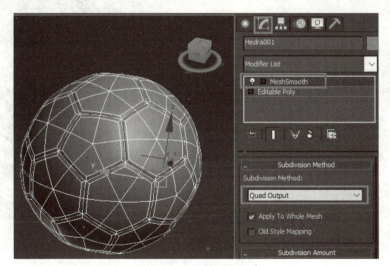

图 2.250　再次网格平滑

（9）选中异面体，右击"Convert To"【转化为】|"Convert to Editable Poly"【可编辑多边形】，效果如图 2.251 所示。

至此足球模型就完成了。

拓展：如果想进一步对足球进行美化，需要对足球不同区域设置不同的 ID，然后再使用多维子材质为其添加不同的颜色，这些知识点在今后的材质篇会介绍到，本处为拓展知识，有兴趣的同学可以试着学习。

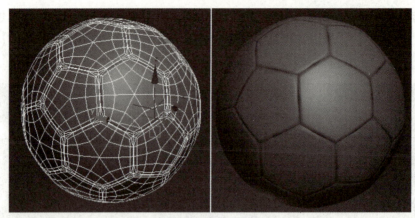

图 2.251　足球造型

（1）选中异面体，进入【元素】子层级，选中图 2.252 所对应的元素部分。

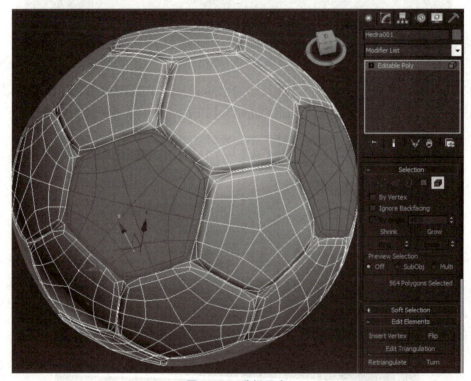

图 2.252　选择元素

（2）在修改面板中选择"Polygon：Material IDs"【多边形：修改 ID】，设置 ID 为 2，接着按【Ctrl】+【I】键对元素进行反选，设置其 ID 为 1，如图 2.253 所示。

（3）按【M】键，打开材质编辑器，单击 Standard，双击"Multi/Sub. Object"【多维子对象】，选择【丢弃该材质】，具体步骤如图 2.254 所示。

（4）在参数面板中设置【设置数量】值为 2，如图 2.255 所示。

（5）为不同的 ID 对应的材质设置不同的颜色材质，如图 2.256 所示。

（6）材质设置完成，足球模型的最终效果图如图 2.257 所示。

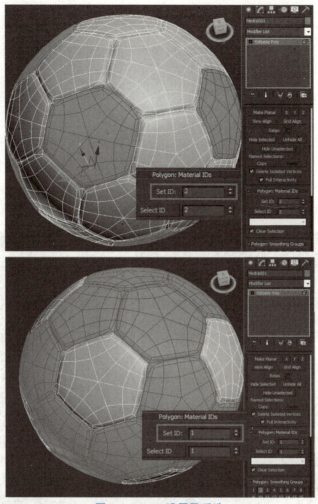

图 2.253　ID 设置及反选

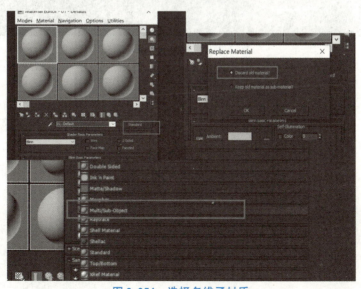

图 2.254　选择多维子材质

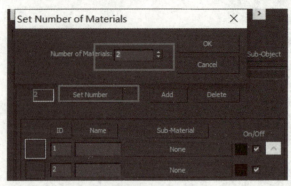

图 2.255　设置数量

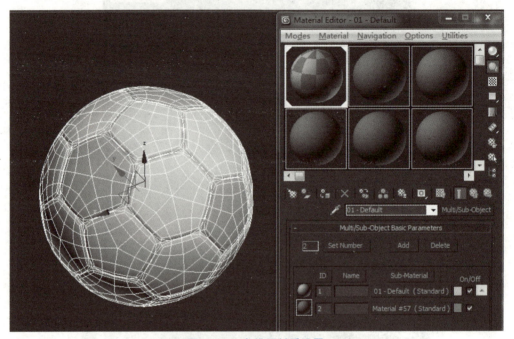

图 2.256　多维子材质设置

图 2.257　足球模型最终效果图

课外思考练习：

团结协作、顽强拼搏的女排精神始终代代相传，极大地激发了我们的自豪感，增强了我们的自信心，为我们在新征程上奋进提供了强大的精神力量。

我们也要把这种精神发扬应用到我们的学习和生活中，扎扎实实，勤学苦练，无所畏惧，顽强拼搏，团结战斗，勇攀高峰。

课外请同学们参照足球模型的方法，创建排球模型，参考效果如图 2.258 所示。

2.5.7　综合小案例——电脑桌模型

通过本案例的学习，可进一步巩固多边形建模方法。

制作电脑桌

通过本案例的学习，可熟练掌握多边形建模的 "Connect"【连线】、"Chamfer"【切线】、"Extrude"【挤出】等工具的使用方法。

电脑桌效果图如图 2.259 所示。

图 2.258　排球模型最终效果图　　　　　图 2.259　电脑桌效果图

（1）打开 3ds Max 软件，将系统单位和显示单位统一为毫米，如图 2.260 所示。

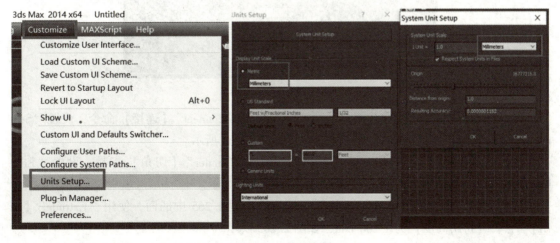

图 2.260　单位设置

（2）首先制作电脑桌的桌面，通过"Standard Primitives"【标准基本体】｜"Box"【长方体】，在场景中创建一个长方体，命名为"桌面"，在参数栏下设置长宽高分别为3 000 mm、1 500 mm、120 mm，具体参数设置如图2.261 所示。

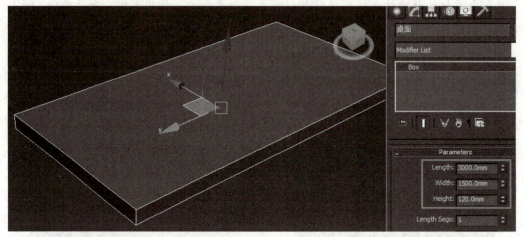

图 2.261　桌面

（3）在绘制好的几何体上单击鼠标右键，选择"Convert To"｜"Convert To Editable Poly"选项以将几何体转换成多边形物体。

（4）切换到"Bottom"【底部】视图，快捷键为【B】。打开多边形的【边】次物体级别，选中左右两边的线，使用"Connect"【连接】命令，设置"Segments"【段】为2、"Pinch"【收缩】为70，如图2.262 所示。

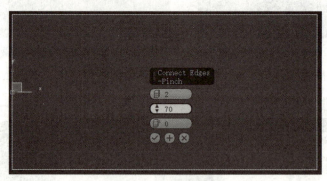

图 2.262　左右连接

（5）选中第（4）步连接出来的线段，继续使用"Connect"【连接】命令，设置"Segments"【段】为4、"Pinch"【收缩】为70，如图2.263 所示。

（6）选择步骤（5）连接出来的线段，使用"Chamfer"【切角】工具，设置"Edge Chamfer Amount"【边切角量】为30 mm，如图2.264 所示。

（7）切换到多边形的【面】次物体级别，选中图2.265 中的面，使用"Extrude"【挤出】工具，【挤出高度】为1 200 mm，如图2.265 所示。

（8）选中图2.266 中的4 条线段，应用"Connect"【连接】命令，设置"Segments"【段】为2、"Pinch"【收缩】为－70、"Slide"【移动】为400，如图2.266、图2.267 所示。

图 2.263　上下连接

图 2.264　切角

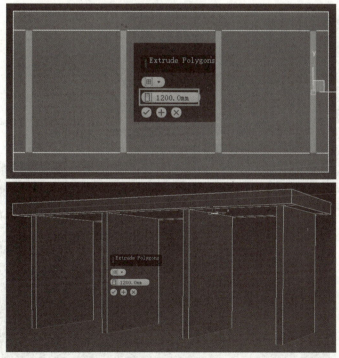

图 2.265　挤出

（9）切换到多边形的【面】次物体级别，选择面，应用"Bridge"【桥接】命令，如图 2.268 所示。

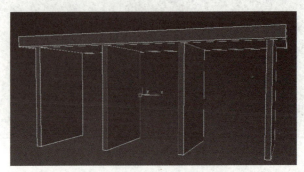

图 2.266　选线段

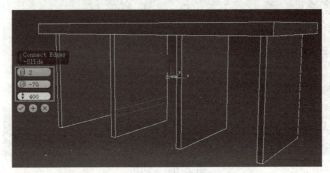

图 2.267　连接两处线段

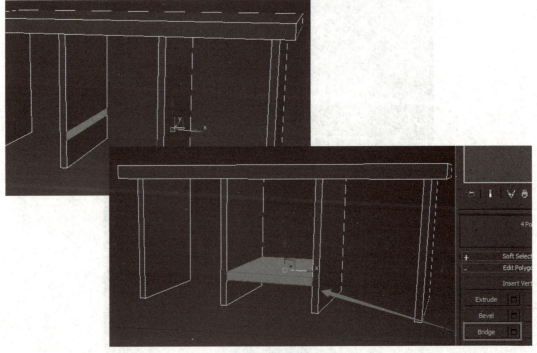

图 2.268　桥接

（10）用同样的方法，在桌子两端进行线段连接，桥接面，作为键盘抽屉，效果如图 2.269 所示。

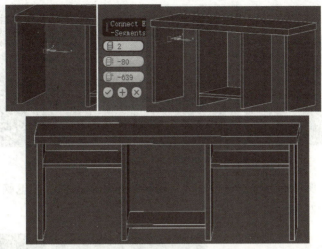

图 2.269　抽屉

（11）切换到多边形的【线】次物体级别，选中如图 2.270 所示的线。应用 "Chamfer"【切角】命令，做出电脑桌面的弧度，设置 "Edge Chamfer Amount"【边切角量】为 75 mm，"Connect Edge Segments"【连接边分段】为 3，如图 2.270 所示。

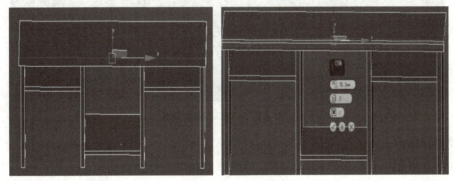

图 2.270　边切角

（12）切换到底部视图，快捷键为【B】。打开多边形的【边】次物体级别，选择中间两条线，应用 "Connect"【连接】命令，具体参数 "Segments"【段】为 2、"Pinch"【收缩】为 -80、"Slide"【移动】为 -1 155，如图 2.271 所示。

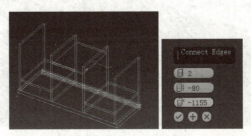

图 2.271　连线

（13）切换到多边形的【面】次物体级别，选中面，右键应用"Extrude"【挤出】工具，"Height"【挤出高度】设为 160 mm，如图 2.272 所示。

图 2.272　下方拉出

（14）再用同上所讲的方法，进行连线、桥接、挤出等操作，把电脑桌的完整造型制作出来，效果如图 2.273 所示。

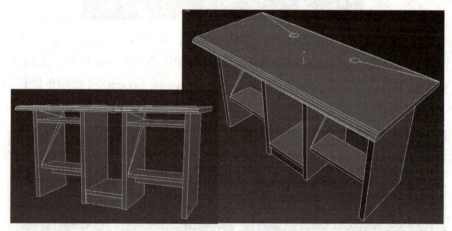

图 2.273　电脑桌模型

课外思考练习：

课外请同学们细心观察身边的物体，结合所学知识制作出如图 2.274 所示的机房模型。

图 2.274　机房效果图

2.6　多边形建模综合应用——室外小房子场景的创建（模型部分）

本节练习的是一个综合项目，包括模型的创建、材质贴图的处理和实现、灯光的实现、摄像机和渲染器的调整等一系列完整的流程，通过小的案例模拟企业真实项目的完整流程，为学生今后从事相关的工作打下坚实的基础。

本节主要通过室外房子及场地三维场景模型的创建，来进一步巩固多边形建模方法，其他部分的知识将在后面对应的章节（第 3、4、6 章）里介绍。

本案例较复杂，想了解更多详细的知识可以扫描二维码学习。

室外小房子三维场景模型效果如图 2.275 所示。

微信公众课堂

图 2.275　小房子效果图

启动 3ds Max 软件，将单位设置为米，效果如图 2.276 所示。

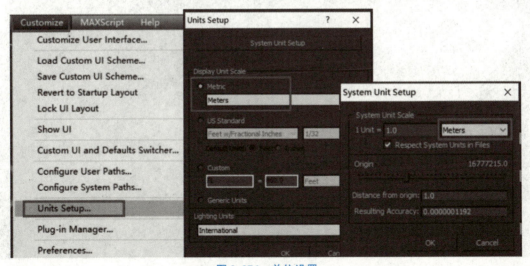

图 2.276　单位设置

1. 小房子模型

（1）在【创建】面板中单击"Box"【长方体】工具，在场景中绘制一个长方形，在参数栏下设置"Length"【长度】为 6 m，"Width"【宽度】为 4.5 m，"Height"【高度】为 0.4 m，具体参数设置及模型效果如图 2.277 所示。

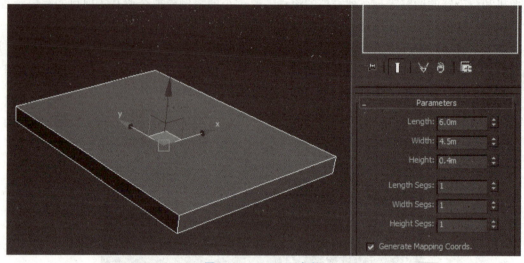

图 2.277 "Box" 参数

（2）选中模型并转换为可编辑多边形（Convert to Editable Poly），在【选择】面板中单击【线段】工具，进入【线段】子层级，选中两边的线，然后在【多边形】面板中单击【连接】旁边的【设置】按钮，参数及效果如图 2.278 所示。

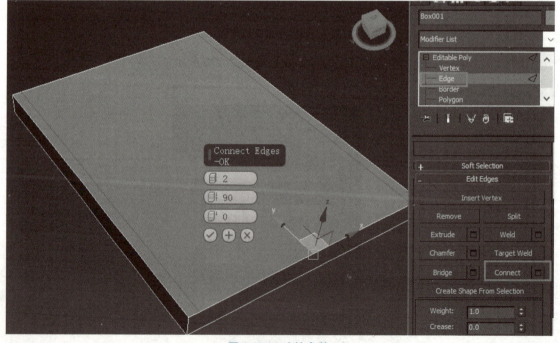

图 2.278 连接参数

（3）使用上一步骤的方法连接出如图 2.279 所示的线。

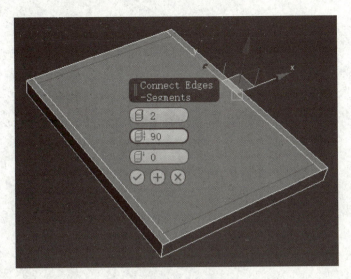

图 2.279　连接效果图及参数

（4）在【多边形建模】面板中单击【面】按钮，选中模型中的面，在【多边形】面板中单击【挤出】工具旁的【设置】按钮，设置挤出【高度】为 3.2 m，效果如图 2.280所示。

图 2.280　挤出房身及参数

（5）在【多边形建模】面板中单击【线段】按钮，选中两边的线，在【选择】面板中单击【线段】按钮，进入点级别，选中两边的线，在【多边形】面板中单击【连线】按钮旁的【设置】按钮，参数及效果如图 2.281 所示。

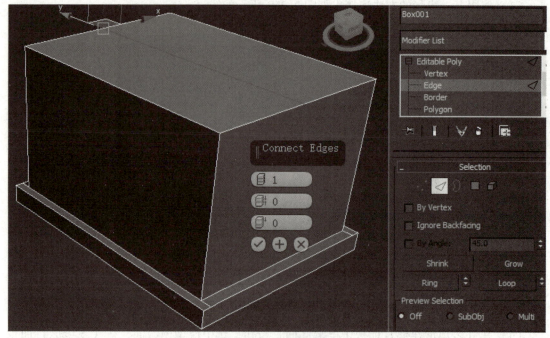

图 2.281　连线及参数

（6）在【多边形建模】面板中单击【线段】按钮，选中刚连接出的线段，沿着 Z 轴往上提，效果如图 2.282 所示。

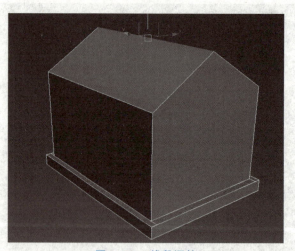

图 2.282　线段调整

（7）在面板中选中【面】按钮，选中模型中的面，在【多边形】面板中单击【倒角】按钮旁边的【设置】按钮，设置【高度】为 0.0 m，【扩边量】为 0.2 m，效果如图 2.283 所示。

（8）选中刚才使用【倒角】工具扩出来的面，在【多边形】面板中单击【挤出】按钮旁边的【设置】按钮，设置【高度】为 0.1 m，效果如图 2.284 所示。

（9）单击选中模型的面，设置【高度】为 3.3 m，如图 2.285 所示。

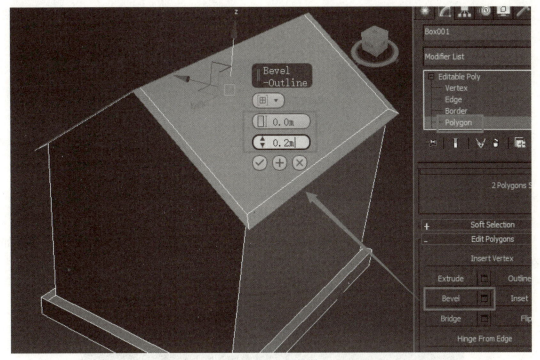

图 2.283　屋顶倒角

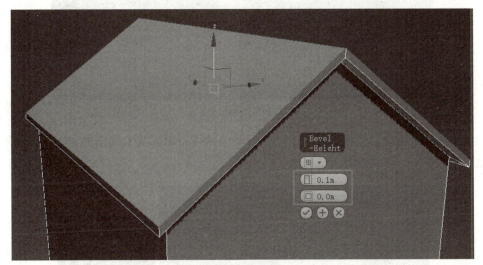

图 2.284　屋顶挤出

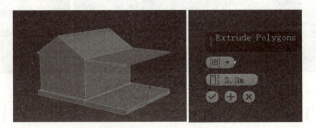

图 2.285　挤出 3.3 m

（10）单击【线段】进入线级别，连接如图 2.286 所示的线，具体参数及效果如图 2.286 所示。

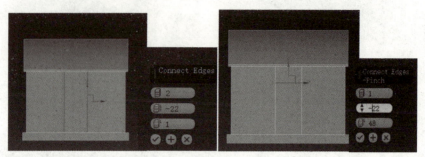

图 2.286　线段连接

（11）单击【面】进入面级别，选中模型中的面，设置【挤出高度】为 3.3 m，效果如图 2.287 所示。

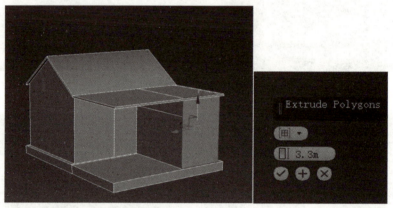

图 2.287　挤出 3.3 m

（12）单击【线段】进入线级别，选中模型中的线，用连线工具添加如图 2.288 所示的线，效果及参数如图 2.288 所示。

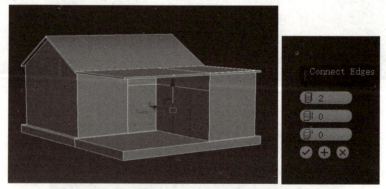

图 2.288　连线效果图

（13）单击【面】进入面级别，选中模型中的面，设置【挤出高度】为 5 m，效果如图 2.289 所示。

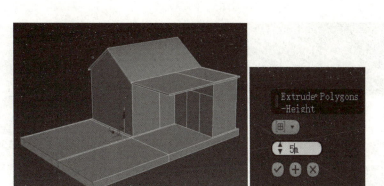

图 2.289　挤出 5 m

2. 栅栏制作

（1）单击【创建】面板中的【圆柱体】，在参数栏中设置【半径】为 0.02 m，【高度】为 0.45 m，【边数】为 8，使用【线】工具画线，如图 2.290 所示。

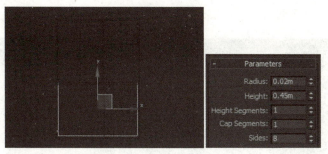

图 2.290　画线

（2）打开上面的菜单栏 "Tools→|Align|Spacing Tool"【间隔工具】工具，选中场景中的圆柱体，单击【拾取路径】，在场景中单击刚创建的线，最后效果及参数设置如图 2.291 所示。

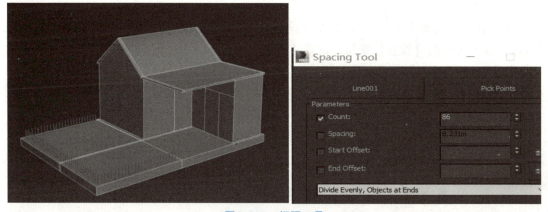

图 2.291　间隔工具

（3）重新选中场景的线，打开【修改】面板，设置参数，调整样条线的位置，并按住【Shift】键复制一个样条线，调整其位置，效果如图 2.292 所示。

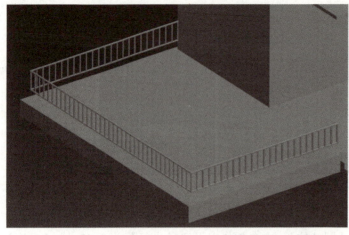

图 2.292　复制线

（4）在场景中选中圆柱体进行复制，分别放到模型的拐角处，参数及模型的效果如图 2.293 所示。

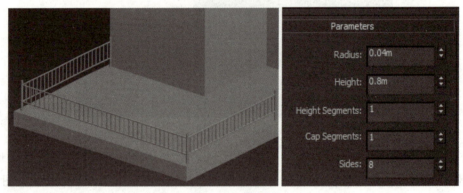

图 2.293　圆柱体

3. 小楼梯制作

（1）在【多边形】面板中单击【线段】，选中场景中楼梯两旁的线，在面板中单击【连线】工具旁边的【设置】按钮，设置【线段】为2，效果如图 2.294 所示。

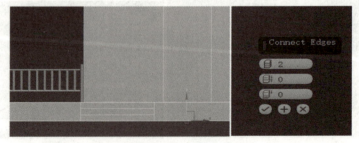

图 2.294　楼梯连线

（2）在【多边形】面板中单击▣，选中场景中的两个面，在【多边形】面板中单击【挤出】工具旁边的【设置】按钮，设置【挤出高度】为 0.17 m，效果如图 2.295 所示。

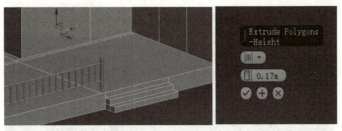

图 2.295　挤出

（3）使用小楼梯制作第一步的方法，制作楼梯的最后一节，做好的效果如图 2.296 所示。

图 2.296　楼梯效果图

4. 门、窗户制作

（1）使用【连线】工具制作窗户，效果如图 2.297 所示。

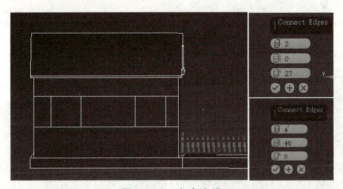

图 2.297　窗户连线

（2）选中模型的两个窗户在【多边形】面板中单击【挤出】工具旁边的【设置】按钮，设置【挤出高度】为 －0.09 m，效果如图 2.298 所示。

（3）选中模型的门，在【多边形】面板中单击【挤出】工具旁边的【设置】按钮，设置【挤出高度】为 －0.12 m，效果如图 2.299 所示。

5. 地面制作

（1）单击【创建】面板中的【面片】工具，在顶视图中画一面片，在参数栏中设置【长度】为 30 m，【宽度】为 30 m，效果如图 2.300 所示。

图 2. 298　窗户效果图

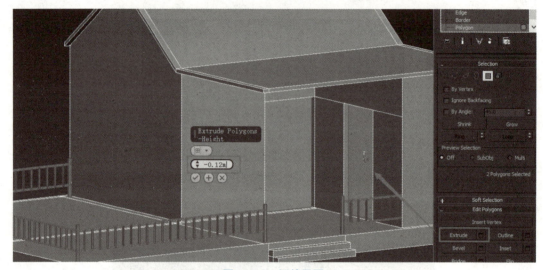

图 2. 299　门效果图

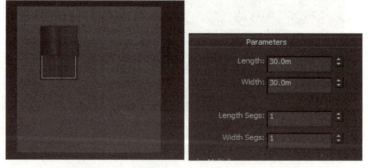

图 2. 300　面片

（2）小路。选中上一步创建的面片右击，将其转变为可编辑多边形，在面板中找到
【连线】工具，连出小路的轮廓，再使用【切割】工具和【连线】工具对上一步添加的线
条进行进一步的修改，如图 2. 301 所示。

（3）打开【捕捉】工具，单击█进入【面】级别，选中小路的面，在面板中找到【分
离】工具并单击，在弹出的对话窗口中为模型命名为"xiaolu3"，如图 2. 302 所示。

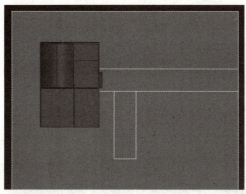

图 2.301　小路效果图

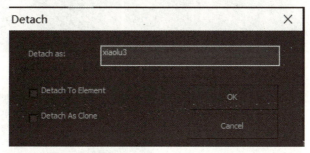

图 2.302　分离

（4）弯曲小路。使用【切割】工具，在顶视图中对点进行进一步的调整，如图 2.303 所示。

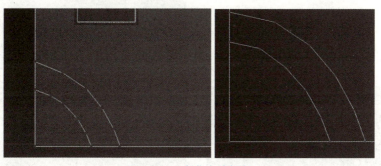

图 2.303　弯曲小路切割

（5）单击 ▉▉ 进入【面】级别，选中切割出的面，在面板中找到【分离】工具并单击，在弹出的对话窗口中为模型命名为"xiaolu1"，如图 2.304 所示。

（6）选择"xiaolu1"模型，在【线段】子层级选择两边的线段，然后在【修改】面板选择"Creat Shape From Selection"【利用所选内容创建图形】，创建新图形。接下来勾选渲染样条线并设置参数，样条线长宽分别为 0.06 m 和 0.08 m，如图 2.305 所示。

（7）使用上述步骤的方法做出另一边的路牙线，效果如图 2.306 所示。

（8）花坛。首先在面片上画一个花坛形状，使用【复合对象】中的【图形合并】，如图 2.307 所示。

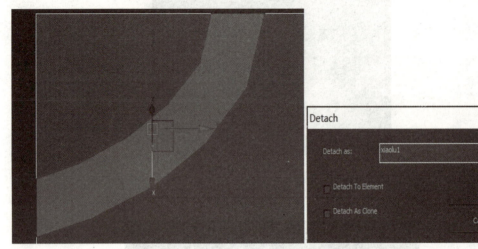

图2.304　弯曲小路切片分离

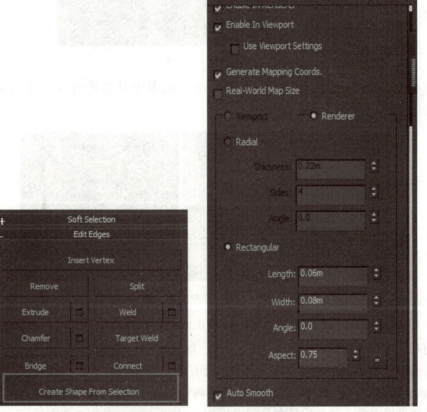

图2.305　创建线及渲染样条线

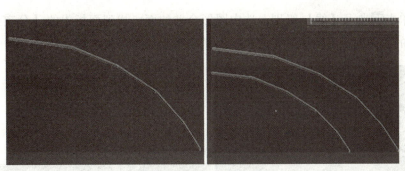

图 2.306　路牙完整效果图

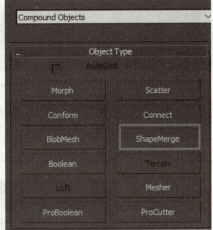

图 2.307　复合对象工具

（9）使用【图形合并】工具，拾取花坛形状，合并出花坛形状，效果如图 2.308 所示。

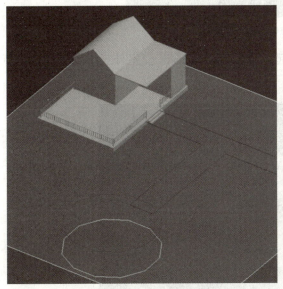

图 2.308　图形合并效果

（10）单击▣进入【线】级别，选中图形合并的面，找到面板中的【分离】工具并单击，在弹出的对话框中为模型命名为"huatan"，效果如图 2.309 所示。

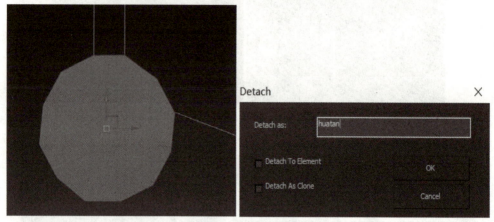

图 2.309　花坛合并

（11）在【线段】子层级选中花坛顶面的边沿线段，在【修改】面板中，使用【创建图形】工具创建线，渲染创建的线，勾选渲染样条线并设置参数，长宽分别为 0.5 m 和 0.06 m，将其转化为可编辑多边形，效果如图 2.310 所示。

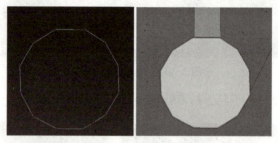

图 2.310　花坛效果图

（12）将剩余的地面选中并附加到一起，命名为"dacaodi"。室外三维场景的模型就全部完成了，完成的效果如图 2.311 所示。

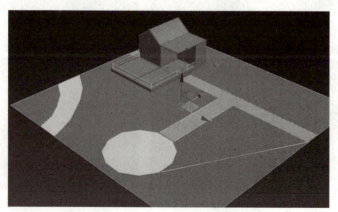

图 2.311　室外小房子三维场景模型效果图

第3章

材质与贴图

本章主要介绍材质与贴图。一个优秀的作品，不仅仅只需要良好的模型，材质也是至关重要的。材质可以赋予模型生命，是对模型的一种美工技术，使冰冷的模型表现出其该有的质感与色彩。通过本章的学习，我们可以轻松地认识到材质和贴图处理的基础。

本章包括以下内容：

- 认识材质
- Standard（标准）材质
- VRay 材质

职业素养养成

通过材质与贴图的学习，让学生掌握材质与贴图的制作细节和技巧知识，提高学生的基本技能知识，培养学生严谨的工作态度、精益求精的工匠精神和艺术审美水平。

在学习贴图制作时，适时引用具有中华传统文化的设计元素，增强学生的文化自信和热爱传统文化的精神。通过搜集常见贴图素材，培养学生文献检索、资料归纳总结的能力，促进学生改进工作方式来提高效率、跟踪技术发展、主动探究新知识和新技术的应用。

3.1 认识 Material（材质）

什么是材质？简单地说就是物体看起来是什么质地。材质可以看成是材料和质感的结合。在渲染程式中，它是表面各可视属性的结合，这些可视属性是指表面的色彩、纹理、光泽度、透明度、反射率、折射率、发光度等。

在制作新材质时应遵循以下要求：确定材质名称；选择材质的类型；标准和光线追踪材质，要选择着色类型；设置光泽度、透明度、反射率、折射率和发光度等参数；保存材质。

3.1.1 Material Editor（材质编辑器）

材质编辑器非常重要，因为所有的材质都在这里完成，打开材质编辑器对话框的方式有两种。

第一种：打开菜单 "Rendering"【渲染】|"Material Editor"【材质编辑器】，选择 "Compact Material Editor"【精简材质编辑器】或 "Slate Material Editor"【Slate 材质编辑器】，执行菜单命令，如图 3.1 所示。

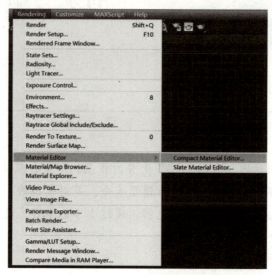

图 3.1　打开材质编辑器

第二种：直接按快捷键【M】，打开材质编辑器，这是最常使用的方法。

"Material Editor"【材质编辑器】分为四大部分，最顶端为菜单栏，用于从中调出各种材质编辑工具；充满材质球的窗口为示例窗，示例窗右侧和下部两排按钮为工具栏，其余是参数控制区，如图 3.2 所示。

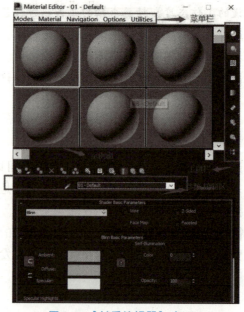

图 3.2　【材质编辑器】窗口

1. 菜单栏

材质编辑器对话框中的菜单栏包含 5 个菜单，分别是"模式"菜单、"材质"菜单、"导航"菜单、"选项"菜单和"实用程序"菜单。

（1）"Modes"菜单【模型菜单栏】：主要用来切换精简材质编辑器和 Slate 材质编辑器，如图 3.3 所示。

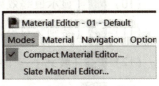

图 3.3 "Modes"菜单

（2）"Material"菜单【材质菜单】：主要用来获取材质、从对象选取材质等。

（3）"Navigation"菜单【导航菜单】：主要用来切换材质或贴图的层级。

（4）"Options"菜单【选项菜单】：主要用来更换材质球显示背景。

（5）"Utilities"菜单【实用程序菜单】：主要用来清除多维子材质、重置"材质编辑器"对话框等。

2. 材质球示例窗

材质球示例窗主要用来显示材质效果，通过它可以很直观地观察出材质的基本属性，双击材质球会弹出一个独立的材质球效果，如图 3.4 所示。

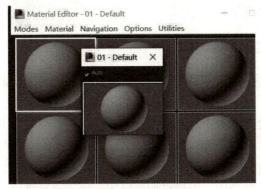

图 3.4 材质球示例窗

3. 工具栏

工具栏的详细介绍如下：

（1） 【获取材质】：为选定的材质打开"材质/贴图浏览器"对话框。

（2） 【将材质放入场景】：在编辑好材质后，单击该按钮可以更新已应用于对象的材质。

（3） 【将材质指定给选定对象】：将材质指定给选定对象。

（4） 【重置贴图/材质为默认设置】：删除修改的所有属性，将材质恢复到默认值。

（5） 【生成材质副本】：在选定的示例窗图中创建当前材质副本。

（6） 【使唯一】：将实例化的材质设置为独立材质。

（7） 【放入库】：重新命名材质并将其保存到当前打开的库中。

（8）【材质 ID 通道】：为应用后期制作效果设置唯一 ID 通道。

（9）【在视口中显示明暗处理材质】：在视口对象上显示 2D 材质贴图。

（10）【显示最终效果】：在实例图中显示材质以及应用的所有层次。

（11）【转到父对象】：将当前材质上移一级。

（12）【转到下一个同级项】：选定同一层级的下一贴图或材质。

（13）【按材质选择】：选定使用当前材质的所有对象。

（14）【材质/贴图导航栏】：单击该按钮可以打开"材质/贴图导航栏"对话框，在该对话框会显示当前材质的所有层级。

4. 参数控制区

参数控制区用于调节材质的参数，基本上所有的材质参数都在这里调节。注意，不同的材质拥有不同的参数控制区，其内容在不同的材质设置时会发生不同变化。一种材质的初始设置是标准材质，其他材质类型的参数与标准材质基本上大同小异，如图 3.5 所示。

图 3.5　材质参数

3.1.2　贴图的处理和使用 UV

贴图和材质是相辅相成的，如果只有材质没有贴图，物体表面的颜色和图案只会显得过于单调，所以在使用材质的同时，往往也需要运用各种各样的贴图，以便制作出更加精美的物体。下面介绍贴图的处理和 UV 的使用。

1. 贴图的处理

照片的采集必须要选好角度，拍照时应注意光线，尽量不要有阴影，使模型更具真实性，注意拍摄的角度，尽量拍正，方便后期的贴图处理。将拍摄好的图片及时按照周围环境进行分类，并且进行规则命名，以防止照片的混乱。

2. 使用 UV

3ds Max 对于位图和贴图来说使用的是 UVW 坐标空间，UVW 坐标即表示贴图的比例。

在默认状态下，每创建一个对象，系统都会为它指定一个基本的贴图坐标。如果需要更好地控制贴图坐标，可以切换至【修改】的命令面板，然后选择修改器列表。其中经常使用的贴图坐标修改器有三个，分别是 UVW Map【UVW 贴图】、Unwrap UVW【展开贴图】和 UVW xform【贴图坐标变换】。

UVW Map：主要用于较规则的几何体上。面板显示如图 3.6 所示。

◆ Mapping（贴图）：确定所使用到的贴图坐标的类型，以及贴图坐标的大小和平铺。

图 3.6　UV 坐标

◆ Channel（通道）：每个对象最多可拥有 99 个 UVW 贴图坐标通道，默认的贴图通道为 1，`UVW Mapping`【UVW 贴图】可以向任何通道发送坐标，这样一来就允许在同一个面上同时存在多组坐标。

◆ Alignment（对齐）：用于设置贴图坐标对齐的方式。

◆ Display（显示）：用于设置贴图的接缝是否在视口中显示。

Unwrap UVW【展开贴图坐标】：修改器主要用于复杂的模型，且贴图坐标不规则的时候，仅仅通过 UVW 贴图修改器是不够的，这时候需要使用更加高级的处理贴图的坐标 UVW 展开修改器，使用 UVW 展开修改器可以将 3D 模型的贴图坐标进行平展，从而在这个平面上对贴图进行绘制。

UVW Xform【贴图坐标变换】：基于自身坐标系对物体及其子物体进行变换操作（旋转/移动等），加入 Xform 修改器后，可以把点、边、面子物体的移动、旋转等操作记录为动画。

3.1.3　UVW Map（贴图坐标）的应用——室外小房子场景（地面、房顶）

本小节主要介绍大面积模型的贴图，需要添加贴图坐标，同时进行平铺的贴图方法。此处以第 2 章的"室外小房子场景"为例，接着讲解贴图部分。

1. 对模型的面进行分离操作

（1）将模型在场景中打开，单击 ■【面】进入面级别，选中模型中的面，接着单击【修改】面板中的 `Detach`【按钮】，在弹出的对话框中为分离出的面起名为"dimian"，效果如图 3.7 所示。

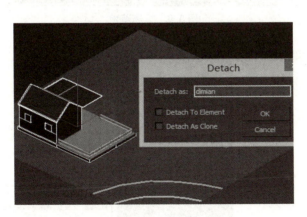

微信公众课堂

图 3.7　分离地面

（2）使用同样的方法分离出"xiaolu1""xiaolu2"和"xiaolu3"的面，如图 3.8 所示。

（3）将其他的面使用同样的方法命名，并将剩下的部分附加到一起，命名为"caodi"，如图 3.9 所示。

2. 地面贴图

（1）打开菜单栏"Rendering"→"Material Editor"→"Compact Material Editor【精简材质编辑器】"（或者，在半角状态下按【M】键，调出材质编辑器，单击编辑器最上面的"Modes"→"Compact Material Editor"），如图 3.10 所示。

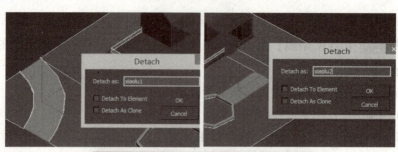

图 3.8　分离路

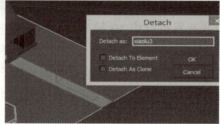

图 3.9　分离草地

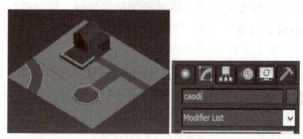

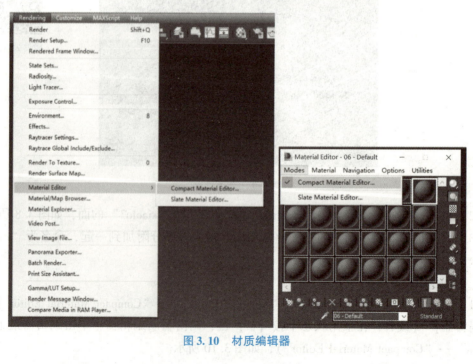

图 3.10　材质编辑器

（2）打开材质编辑器的"Blinn Basic Parameters"→"Diffuse"【漫反射】旁边的▇按钮→"Maps"→"Bitmap"【位图】，找到存放贴图材料的路径，将贴图导入材质球中。再选中场景中的"dacaodi"的模型，然后单击面板中的▇【应用】按钮，打开▇【显示】按钮，并单击▇【修改】面板，在▇【修改器】中输入"U"搜索 UVW Map，为贴图添加 UVW Map 后选择 planar/Box，并将贴图平铺 U、V 各设置数额为 5 个（注：平铺后无须更改长宽），方法如图 3.11 所示。

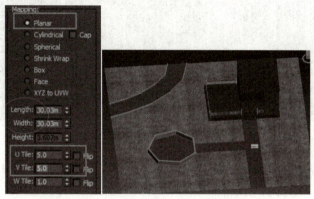

图 3.11 草地贴图坐标

（3）将小路贴图导入材质球中，选中"xiaolu2"的模型，然后单击"Attach"【附加】，再选中"xiaolu3"将两条小路附加到一起。然后单击所要的材质球，接着单击面板中的▇【应用】按钮，模型的最终效果如图 3.12 所示，并单击▇【修改】面板，为贴图添加 UVW Map，并将贴图平铺 U、V 各设置数额为 8 个，贴图效果及参数如图 3.12 所示。

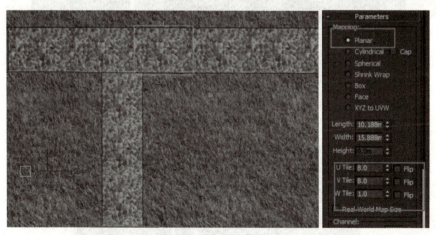

图 3.12 小路贴图坐标

（4）将栅栏贴图导入材质球中，框选所有的栅栏，然后单击对应的材质球及面板中的▇【应用】按钮，并单击▇【修改】面板，为贴图添加 UVW Map，贴图效果及参数如图 3.13 所示。

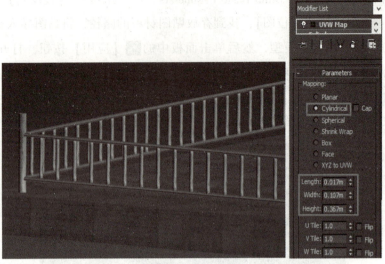

图 3.13　栅栏贴图坐标

（5）用相同的方法为花坛边缘、花坛内部、小路、路牙石部分添加贴图材质，效果及参数分别如图 3.14～图 3.17 所示。

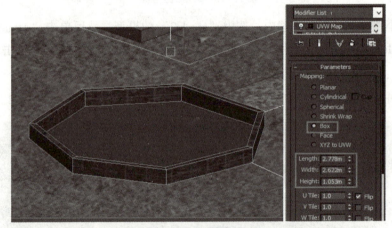

图 3.14　花坛边缘贴图坐标

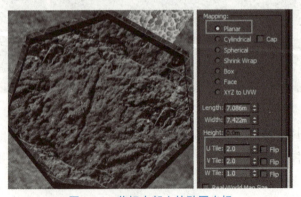

图 3.15　花坛内部土的贴图坐标

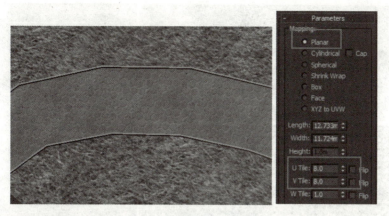

图 3.16　小路的贴图坐标

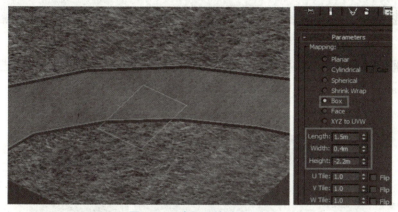

图 3.17　路牙石的贴图坐标

3. 房顶贴图

（1）在场景中选中房顶【fangding2】的模型，将房顶的贴图导入材质球中接着单击面板中的 【应用】按钮，并单击 【修改】面板，为贴图添加 UVW Map，贴图效果及参数如图 3.18 所示。

图 3.18　屋顶贴图

（2）将 fangding2 右键转换为可编辑多边形，选择 级别，选择贴图不符的一面，单击 【修改器】为贴图添加 "UVW Xform"【变换坐标】调整贴图的方向，"Rotation"【方向】改为 180，并调整其他参数，效果如图 3.19 所示。

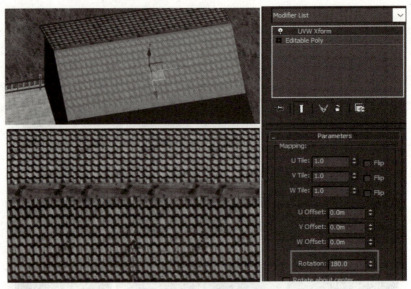

图 3.19　屋顶的贴图坐标

（3）将彩钢顶的贴图导入材质球上，在场景中选中"fangding1"的模型进行应用，并添加 UVW Map，调整 U、V 平铺值为 2，效果及参数如图 3.20 所示。

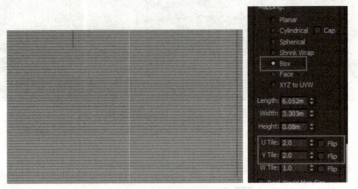

图 3.20　彩钢顶的贴图坐标

（4）地面和屋顶贴图完成后的效果如图 3.21 所示。

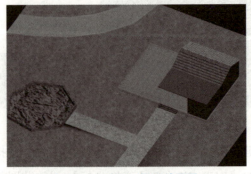

图 3.21　地面、屋顶效果图

3.2　Standard（标准）材质

标准材质是 3ds Max 默认的材质，也是使用最多的材质类型。它模拟了物体的表面颜色，赋予了模型直观的反射效果，标准材质如图 3.22 所示。

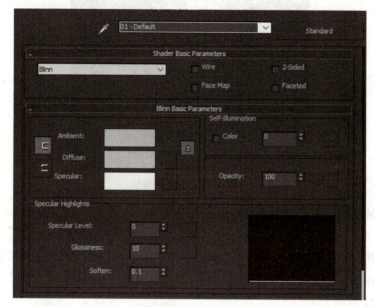

图 3.22　标准材质

下面介绍常用参数：

❖ "Wire"【线框】：用线框模式着色，显示物体结构。

❖ "2 – Sided"【双面】：模型进行双面着色。

❖ "Face Map"【面贴图】：以模型的面进行贴图。

❖ "Faceted"【面状】：具有块状着色的效果，可以用于制作加工过的钻石、宝石和带有硬边的物体表面。

❖ "Ambient"【环境光】：用于模拟间接光，也可以用来模拟光能传递。

❖ "Diffuse"【漫反射】：在光照条件较好的情况下（如在太阳光和人工光直射的情况下）物体反射出来的颜色，又被称作物体的"固有色"。

❖ "Specular"【高光反射】：物体发光表面高亮显示部分的颜色。

❖ "Self – Illumination"【自发光】：定义材质的本身亮度，如日光灯。

❖ "Opacity"【不透明度】：控制材质的不透明度。

❖ "Specular Level"【高光级别】：控制"反射高光"的强度。数值越大，反射强度越强。

❖ "Glossiness"【光泽度】：控制镜面高亮区域的大小，即反光区域的大小。数值越大，反光区域越小。

❖ "Soften"【柔化】：设置反光区和无反光区衔接的柔和度。0 表示没有柔化效果；1 表示应用最大量的柔化效果。

3.2.1 标准材质应用——休闲沙发靠垫

（1）打开 3ds Max 模型，导入休闲沙发素模。效果如图 3.23 所示。

图 3.23　沙发模型

（2）按"M"键，打开"Material Editor"【材质编辑器】弹出"Material/Map Browser"【材质贴图浏览器】，单击"Standard"【标准】按钮，选择"标准"选项。

（3）在"Blinn 基本参数"栏中，单击"Diffuse"【漫反射】右侧按钮，在弹出的"Material/Map Browser"【材质/贴图浏览器】窗口中选择"Bitmap"【位图】选项，选择相应素材如图 3.24 所示。

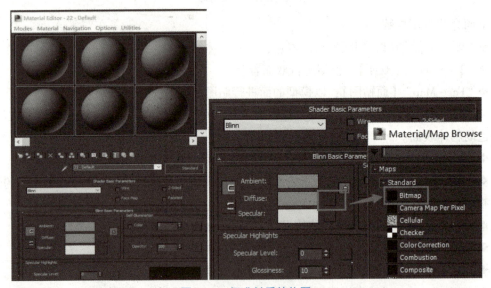

图 3.24　标准材质的位图

（4）坐垫：返回到材质编辑器，选择场景中的物体对象，单击 "将材质指定给选定对象"按钮，为对性能赋予材质，单击 "在视口中显示标准贴图"按钮，设置"高光"为10，效果如图 3.25 所示。

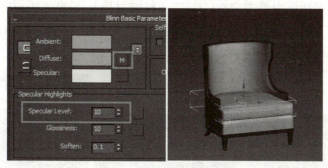

图 3.25 坐垫

（5）抱枕：如上一步所示选择场景中的物体对象，应用并设置参数，设置"高光"为10，最终效果如图 3.26 所示。

3.2.2 普通贴图——室外小房子场景（门窗、台阶）

（1）在场景中将小房子门窗等面分离出来，分别命名为"chuang1""chuang2""men1""men2"。效果如图 3.27 所示。

图 3.26 最终效果

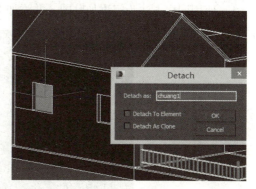

图 3.27 分离面

（2）选中小楼梯的面，使用步骤（1）同样的方法分离出小楼梯的面，起名为"louti"，效果如图 3.28 所示。

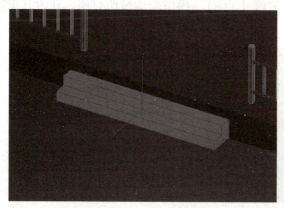

图 3.28 台阶面分离图

（3）在弹出的对话框中单击"Standard"【标准材质】下的"Mapping"【贴图】按钮，选择对应的贴图，单击上面的工具栏中的 ▣ 选择"chuang1"模型并应用，为贴图添加 UVW Map，贴图效果及参数如图 3.29 所示。

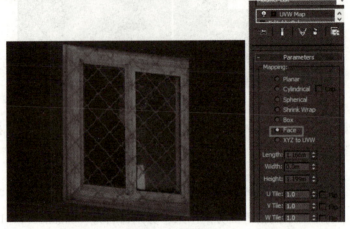

图 3.29　窗户效果

（4）使用同样方法为门添加贴图，并添加 UVW Map，调整贴图的效果，如图 3.30 所示。

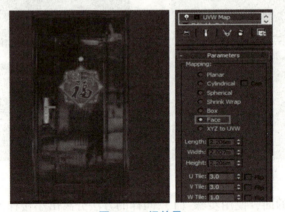

图 3.30　门效果

（5）用相同的方法为"台阶""地台【ditai】"模型添加贴图材质，并为其添加 UVW Map，贴图效果及参数分别如图 3.31、图 3.32 所示。

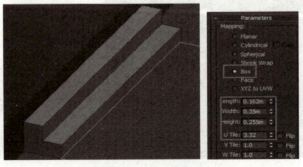

图 3.31　台阶效果图

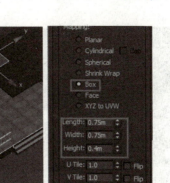

图 3.32　地台效果图

3.2.3　透明贴图材质——室外小房子场景（绿化部分）

（1）单击【创建】面板中的"Plane"【面片】，设置其参数如图 3.33 所示。

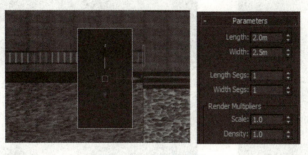

图 3.33　创建树模型

（2）回到顶视图中，按字母"E"键进行旋转操作，右击 ⚒ 按钮，将旋转角度设置为 90°，按住【Shift】旋转复制一个，将两个面片附加到一起，效果如图 3.34 所示。

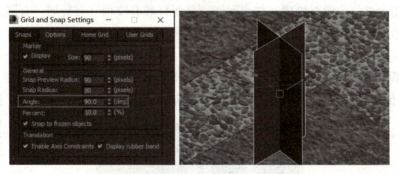

图 3.34　树模型

（3）将树的透明贴图导入材质球上，按 ⬚ 【应用】按钮将贴图应用于面片上，将 "Diffuse"【漫反射】的【M】按钮拉动到 "Opacity" 后的按钮上，在弹出对话框选中 "Copy"【复制】并单击【Ok】按钮，接着单击 "Opacity" 旁边的【M】按钮，弹出菜单栏勾选 "Apply"【应用】和 "Alpha"【通道】，如图 3.35 所示。

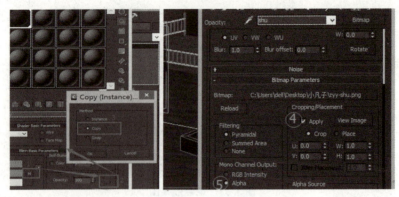

图 3.35　透明贴图

（4）最终树的贴图效果如图 3.36 所示。

（5）在场景中复制树，调节树的大小及方向，效果如图 3.37 所示。

图 3.36　树的透明贴图

图 3.37　绿化整体效果

3.2.4　无缝贴图的应用——室外小房子场景（水泥墙、砖墙）

无缝贴图主要分为没有纹理（如水泥墙、路面）和有纹理（有砖墙、有图案的背景墙）两种，本小节主要通过实例介绍这两种贴图的处理和实现方法。

1. 水泥墙无缝贴图处理

（1）采集图片（未处理）由于受光影、纹理等因素的影响有些图片是不能直接使用的，而要经过 PS 的专业处理才能够使用，如图 3.38 所示。

微信公众课堂

图 3.38　未处理的贴图

（2）打开 PS 软件，将图片导入其中，使用 【矩形选框工具】对图片纹理比较平滑且不受光线影响、无色差的部分进行选取，效果如图 3.39 所示。

（3）对所选择的区域进行复制，再新建一个画布长和宽的值都是 512 像素（注：长、宽都为 2 的 n 次方），效果如图 3.40 所示。

（4）对复制的选区进行复制，并调整其大小，如果对贴图的效果满意，可以进行保存，效果如图 3.41 所示。

图 3.39　挑选合适区域图

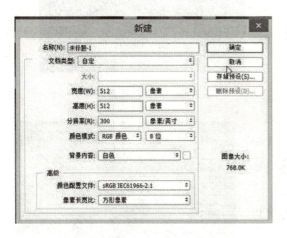

图 3.40　新建画布图

图 3.41　贴图处理图

（5）如果对贴图的效果不满意可以对图片进行下一步的处理，按【Ctrl】+【J】的组合键对图层进行复制。单击工具栏中的【滤镜】找到【位移】工具；单击【位移】工具设置水平值为 256，垂直值为 256；并为新的图层添加蒙版，如图 3.42 所示。

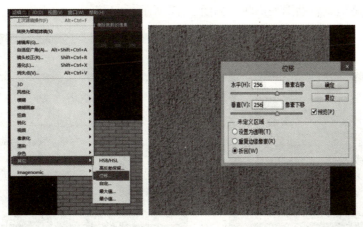

图 3.42　贴图处理

（6）使用 【仿制图章】工具对图片中的纹理进行调整（按住【Alt】键取样），也可以通过【亮度对比度】调整图片的亮度，效果如图3.43所示。

（7）最终处理好的效果图如图3.44所示。

图3.43　使用画笔工具处理图　　　　　　图3.44　水泥墙调整效果图

2. 砖墙无缝贴图处理

（1）砖墙的处理，首先将采集的砖墙图片导入 PS 中，选取亮度比较均匀的部分利用【矩形选框】工具进行选取，效果如图3.45所示。

注意选区的边缘：选取的上下、左右都可以合成一个完整的砖。

（2）对选框中的部分进行复制，然后新建一个画布长和宽的值都是512像素（注：长、宽都为2的 n 次方）进行粘贴，调整大小效果如图3.46所示。

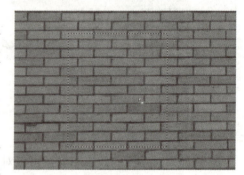

图3.45　选取区域图

（3）单击【位移】工具设置水平值为256，垂直值为256，然后通过【标尺】工具及【位移】工具精确地调整贴图的形状，如图3.47所示。

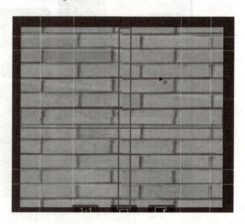

图3.46　调整大小图　　　　　　　　图3.47　位移效果图

（4）可以通过 【矩形选框】工具，并且将羽化值设置成 2 像素，选择没有裂缝的区域进行复制，移动覆盖有裂缝的地方，效果如图 3.48 所示。

注意：选取复制的和要覆盖的地方最好在一条直线上。

图 3.48 羽化选区调整

（5）最终效果图如图 3.49 所示。

图 3.49 砖墙调整后贴图

3. 墙面的处理与贴图

（1）将模型在场景中打开，单击 【面】进入面级别，选中模型中的面，接着单击【修改】面板中的 Detach 【按钮】在弹出的对话框中为分离出的面起名为 "zhuanqiang"，效果如图 3.50 所示。

图 3.50 墙面分离图

（2）使用同样的方法将水泥墙的面分离出来，命名为"shuiniqiang"，效果如图 3.51 所示。

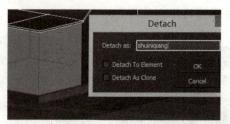

图 3.51　墙面分离图

（3）将水泥墙的贴图导入材质球上，在场景中选中"shuiniqiang"的模型，按 [应用] 按钮，将贴图应用于场景，并添加 UVW Map，调整贴图的效果，效果及参数如图 3.52 所示。

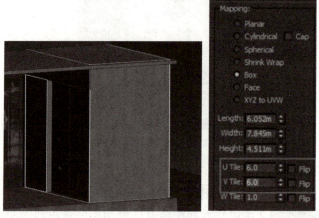

图 3.52　水泥墙效果图

（4）将处理好的红砖墙的贴图导入材质球上，在场景中选中"hongzhuanqiang"的模型，按 [应用] 按钮，将贴图应用于场景，效果如图 3.53 所示。

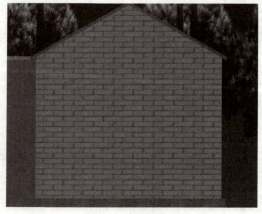

图 3.53　砖墙贴图

（5）单击【创建】面板中的"Box"【长方体】并勾选 AutuGird，使得创建的长方体附在墙体的表面，并在 【修改器】中修改参数（实际砖块的大小为 235×115×53 mm），为贴图添加 UVW Map→Box，调整参数使得红砖墙的大小和所创建的长方体大小吻合，效果如图 3.54 所示。

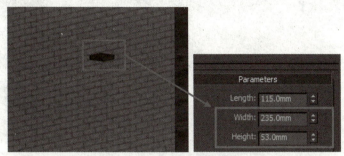

图 3.54　实际砖块参照物

（6）墙面的无缝贴图最终效果图如图 3.55 所示。

图 3.55　墙面的无缝贴图最终效果图

3.3　VRay 材质

VRay 是由 Chaosgroup 和 Asgvis 公司出品，中国由曼恒公司负责推广的一款高质量渲染软件。VRay 是目前业界最受欢迎的渲染引擎。VRay 渲染器提供了一种特殊的材质——VRayMtl（VRay 材质），在场景中使用该材质能够获得更加准确的物理照明（光能分布），更快地渲染，反射和折射参数调节更方便。VRay 渲染器是目前比较优秀的渲染软件。利用全局光照系统模拟真实世界中的光的原理渲染场景中的灯光，尤其在室内外效果图制作方面，VRay 几乎可以算得上是速度最快、渲染效果极好的渲染软件。VRay 材质如图 3.56 所示。

下面介绍常用参数：

（1）"Diffuse"【漫反射】：决定物体表面的固有色，通过选择色块，可以调节物体自身的颜色。

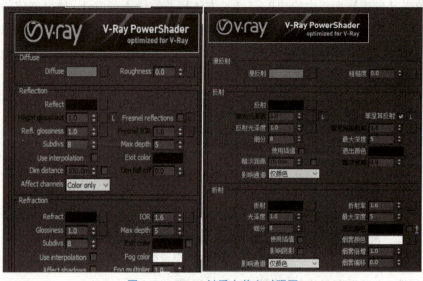

图 3.56　VRay 材质中英文对照图

（2）"Reflection"【反射】：颜色越白反射越亮，越黑反射越弱。

◆ "Hilight glossiness"【高光光泽度】：控制高光点的大小。

◆ "Refl. glossiness"【反射光泽度】：控制反射中的模糊程度。

◆ "Subdivs"【细分】：控制反射的品质。

◆ "Fresnel reflections"【菲涅耳反射】：反射受到角度的影响。

（3）"Refraction"【折射】：颜色越白物体越透明，越黑物体越不透明。

◆ "IOR"【折射率】：控制材质的折射率，恰当的值可以调出很好的折射效果。

◆ "Fog color"【烟雾色】：用雾来填充折射的物体，这是使用雾的颜色。

◆ "Fog Multiplier"【烟雾倍增】：值越大，光线穿过物体的能力越差。

（4）"Translucency"【半透明度】：设置材质的半透明效果。

3.3.1　陶瓷材质

陶瓷效果图如图 3.57 所示。

陶瓷材质操作视频

图 3.57　陶瓷效果图

（1）首先打开或者自己创建几个餐盘和茶杯（Teapot），如图 3.58 所示。

图 3.58 场景素材图

（2）打开材质球，单击【材质球】面板右边的 Standard，如图 3.59 所示。

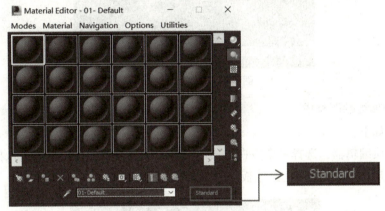

图 3.59 【材质球】面板

（3）单击之后便会出现选择的界面，找到 VRayMtl 双击，然后材质球便会变成 VRay 材质球，关于陶瓷材质具体设置如图 3.60 所示。

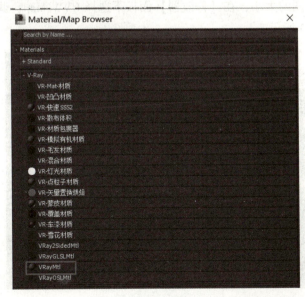

图 3.60 VRay 材质

（4）陶瓷设置步骤：

①设置【漫反射】（diffuse）颜色为白色。

②设置【反射】颜色为（红：131，绿：131，蓝：131），勾选【菲涅耳反射】选项，【细分】设置为20。

③先把高光光泽度解锁然后设置"高光光泽度"数值为0.8；反射光泽度为0.85。具体参数如图3.61所示。

图 3.61　陶瓷材质参数

（5）添加地板贴图材质。

具体步骤如下：

①打开材质编辑器，选择一个空白材质球，将我们所需要的材质贴图拖入材质球上，命名为"地板"，将材质贴图指定给地板。如图3.62所示。

图 3.62　指定对象

②下一步调整贴图的大小，在【修改器】面板下选择 UVW Map，调整长度为12，宽度为20。具体如图3.63所示。

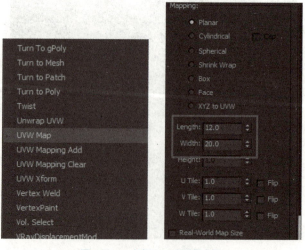

图 3.63　木板 UV 调整贴图

（6）添加完成后，将材质球赋给模型即可，渲染图如 3.64 所示。

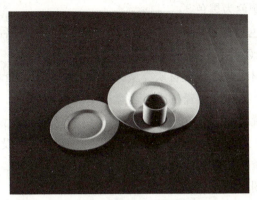

图 3.64　陶瓷材质效果图

3.3.2　不锈钢材质

不锈钢材质效果图如图 3.65 所示。

不锈钢材质
操作视频

图 3.65　不锈钢材质效果图

（1）打开场景文件，如图 3.66 所示。

（2）选择一个空白材质球，设置材质类型为 VRayMtl 材质，命名为"不锈钢"，不锈钢材质具体的设置如图 3.67 所示。

图 3.66　场景素材

图 3.67　不锈钢参数

具体步骤：

①设置【漫反射】颜色为黑色。

②设置【反射】颜色为（红：192，绿：197，蓝：205），然后设置【高光光泽度】为0.75，【反射光泽度】为0.83，【细分】为30。

（3）选择一个空白材质球，设置材质类型为 VRayMtl 材质，命名为"盘子陶瓷"，具体设置方法参照本节第一个案例"陶瓷材质"为盘子添加陶瓷材质。

具体参数如下：设置【漫反射】（diffuse）颜色为白色；设置【反射】颜色为（红：131，绿：131，蓝：131），勾选【菲涅耳反射】选项，【细分】设置为20；高光光泽度解锁，然后设置【高光光泽度】数值为0.8，【反射光泽度】为0.85。

（4）为木板添加贴图材质。

具体步骤如下：

①打开材质编辑器快捷键【M】再选择一个空白材质球，将我们所需要的材质贴图拖入材质球上，命名为"木板"。具体的设置如图3.68所示。

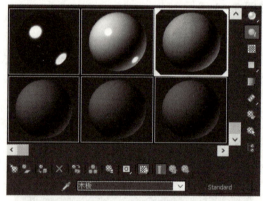

图 3.68　木板贴图

②选择此材质球，将材质贴图指定给地板。调整贴图的大小，在【修改器】面板下选择 UVW Map，调整长度为260，宽度为260。

（5）添加环境效果，按快捷键为数字"8"，打开环境与特效对话框。

具体操作如下：

①单击"Environment Map"【环境贴图】，点开"Maps"【贴图】，选择"VRayHDRI"【高动态范围贴图】选项，如图3.69所示。

②然后打开材质编辑器，选择一个空材质球，将 VRayHDRI 拖入，在弹出的对话框中选择"Instance"【实例复制】把环境贴图复制到空白材质球上，此时贴图类型变成了"VRay-HDRI"类型。如图3.70所示。

③打开【参数】栏，单击【位图】后的按钮，添加后缀为"HDR"的文件，将贴图类型改为"球体"。此时环境贴图添加成功，如图3.71所示。

（6）将制作好的材质指定给场景中的模型，然后渲染当前场景，最终效果如图3.72所示。

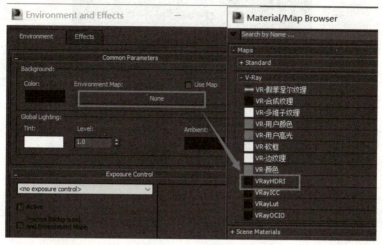

图 3.69　环境贴图

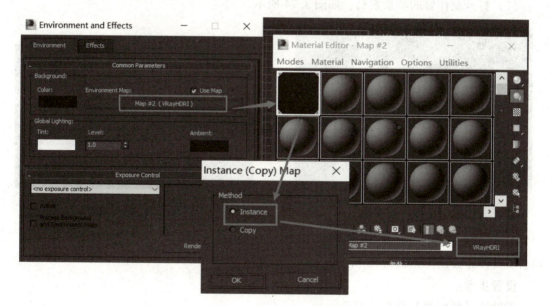

图 3.70　环境贴图材质

图 3.71　环境贴图类型

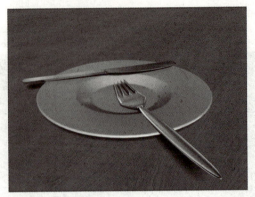

图 3.72　不锈钢材质效果图

3.3.3　玻璃材质

玻璃材质效果如图 3.73 所示。

（1）打开制作好的场景素材，如图 3.74 所示。

图 3.73　渲染效果图

图 3.74　场景素材

（2）选择一个空白材质球，设置材质类型为 VRayMtl 材质，在"基本参数"栏里，玻璃材质具体参数设置如图 3.75 所示。

设置步骤：

①设置【漫反射】颜色为黑色。

②在【反射】贴图通道中加载一张"衰减"程序贴图，然后在【衰减参数】栏下设置【衰减类型】为 Fresnel，接着设置【反射光泽度】为 0.98、【细分】为 8。

③设置【折射】颜色为（红：252，绿：252，蓝：252），然后设置【折射率】为 1.5、【细分】为 50、【烟雾倍增】为 0.1，接着勾选【影响阴影】选项。

（3）为木板添加贴图材质，参照本节的第 2 个案例"不锈钢材质"中制作木板材质的方法，添加木板的贴图材质。

（4）将制作好的材质指定给场景中的模型，然后渲染当前场景，最终效果如图 3.76 所示。

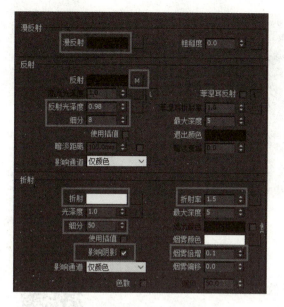

图 3.75　玻璃材质参数

图 3.76　玻璃材质效果图

3.3.4　水材质

水材质的效果如图 3.77 所示。

（1）打开做好的场景素材，如图 3.78 所示。

图 3.77　渲染效果图

图 3.78　场景图

（2）选择一个空白材质球，设置材质类型为 VRayMtl 材质，添加水材质，具体参数设置如图 3.79 所示。

设置步骤：

①设置【漫反射】颜色为（红：186，绿：186，蓝：186）。

②设置【反射】颜色为白色。

③设置【折射】颜色为白色，然后设置【折射率】为 1.33。

（3）参照本节第 3 个案例"玻璃材质"的方法，为水盆添加玻璃材质。

（4）将制作好的材质指定给场景中的模型，然后渲染当前场景，最终效果如图 3.80 所示。

图 3.79　水材质参数　　　　　　　　图 3.80　水材质效果图

3.3.5　水晶材质

用 VRayMtl 材质制作水晶材质，水晶材质效果如图 3.81 所示。

（1）打开做好的场景素材，如图 3.82 所示。

（2）下面制作水晶材质。选择一个空白材质球，然后设置材质类型为 VRayMtl 材质，接着将其命名为"水晶"，水晶材质具体参数设置如图 3.83 所示，材质效果如图 3.84 所示。

水晶材质
操作视频

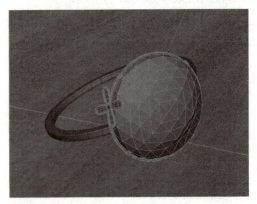

图 3.81　渲染效果图　　　　　　　　图 3.82　场景

设置步骤：

①设置【漫反射】颜色为白色。

②设置【反射】颜色为（红：72，绿：72，蓝：72），然后设置"高光光泽度"为 0.95、【反射光泽度】为 1、【细分】为 52。

③设置【折射】颜色为白色，然后设置【细分】为 52，接着设置【烟雾颜色】（红：138，绿：107，蓝：255），最后设置【烟雾倍增】为 0.68。

④接着制作金属材质，选择一个空白材质球，然后设置材质类型为 VRayMtl 材质，将其命名为"金属"，金属材质具体参数设置如图 3.85 所示，材质球效果如图 3.86 所示。

图 3.83　水晶材质参数

图 3.84　水晶材质效果图

图 3.85　金属材质参数

图 3.86　金属材质效果图

⑤为地板环境添加一个木板贴图，设置其材质为木板材质。

⑥参照本节第 2 个案例"不锈钢材质"中的环境贴图的添加方法，为场景添加对应的环境贴图。最终效果如图 3.87 所示。

3.3.6 镜面材质

用 VRayMtl 材质制作镜子材质，镜子材质效果如图 3.88 所示。

图 3.87　水晶最终效果图

图 3.88　渲染效果图

（1）打开做好的场景素材，如图 3.89 所示。

图 3.89　场景效果图

（2）选择一个空白材质球，然后设置材质类型为 VRayMtl 材质，接着将其命名为"镜子"，设置镜面材质，在【基本参数】栏里具体参数设置如图 3.90 所示。

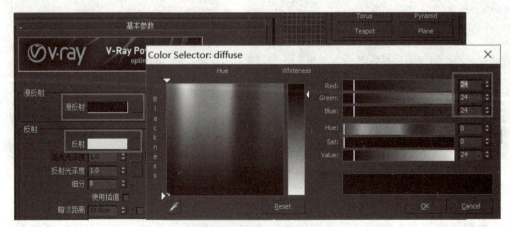

图 3.90　镜面材质参数

设置步骤：

①设置【漫反射】颜色为（红：24，绿：24，蓝：24）。

②设置【反射】颜色为（红：239，绿：239，蓝：239）。

③将制作好的材质指定给场景中的模型，然后渲染当前场景，最终效果如图 3.91 所示。

图 3.91　镜面材质效果

（3）接着给场景添加贴图，为地板、窗户、盆栽等添加相应的贴图材质，最终渲染效果如图 3.92 所示。

图 3.92　渲染效果图

3.4　Unwrap UVW（展开 UV）贴图材质

当在场景中选取默认模型，如正方体、圆柱体、茶壶等这些模型，模型本身自带 UV 坐标，直接就可以在材质编辑器中加入材质，再加上贴图就可以了，比较简单。但实际在做模型的时候，尤其是做角色模型，往往是不规则和复杂的模型，这时在 3ds Max 中就不能自动指定 UV 坐标了，你想给比如人物画眉毛一定在眼眶上面，就必须给模型指定 UV 坐标，俗称"展 UV"。如果不展 UV，在给模型加贴图的时候，会发现贴图在模型上面是乱七八糟的，根本找不到眉毛在什么地

微信公众课堂

方。可以给这个模型在修改器列表中按"U"找到"Unwrap UVW"修改器，就会出现模型 UV 编辑的操作界面，然后像整理衣服一样，一点一点地把整个模型铺好、展平，在加入贴图时，就会准确地知道眉毛的位置了，在模型身上的贴图搜索也很整齐地在模型身上了。

展开 UV 就是把平面图给贴在立体的模型上，让立体模型上的贴图坐标变成展开的。通俗来说，展 UV 是把 3D 模型经过划分和处理为平面图，然后就可以导出到平面软件中画贴图。例如，一个立体包装盒，要在上面贴一张图，先把这个立体包装盒给展开成平面的，然后再贴就可以了。图 3.93 就是展开的图，把它贴到 Box 上。如图 3.93 为盒子展开之后的形状。

注意：如果图像与表面形状不同，自动缩放就会改变图像的比例以吻合表面。这通常会产生不理想的效果，所以制作贴图前应先测量物体尺寸。

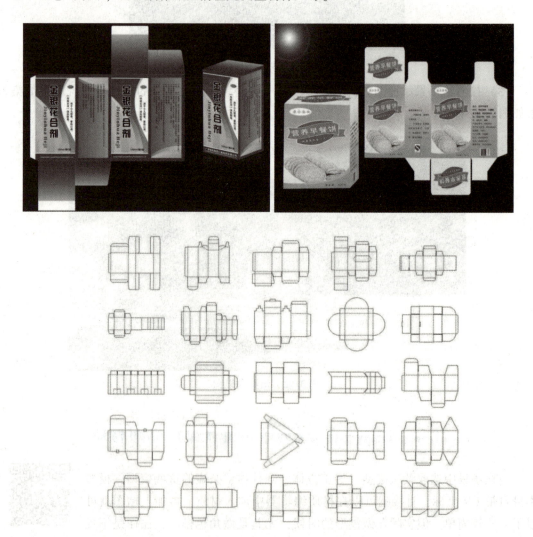

图 3.93　盒子展开效果图

（1）打开 3ds Max 文件，这是一个做好的盒子模型，如图 3.94 所示。下面我们来学习展 UV 的两种使用方法，即手动贴面和缝合贴面。

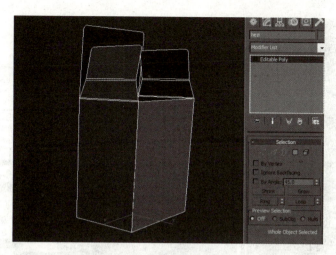

图 3.94 盒子模型

注：这里对简单盒子贴图进行讲解，以便了解展开 UV 的概念和使用方法，更多的知识将在第 7 章的"室外古建"和"校园场景"里的贴图再详细讲解。

（2）选中盒子模型，把相应的贴图"hezi"添加到盒子模型上，如图 3.95 所示。

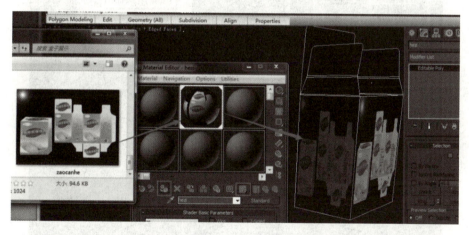

图 3.95 盒子贴图

（3）选中盒子模型，在修改器列表中按"U"添加"Unwrap UVW"【展开 UVW】修改器。在"Unwrap UVW"【展开 UVW】修改器的"Polygon"【面】层级下，单击【修改】面板下的 ███ Open UV Editor ... ███【编辑】按钮，弹出"Edit UVWs"【编辑 UVW】窗口。在弹出的编辑 UVW 的窗口里显示贴图并隐藏蓝色背景网格，具体如图 3.96 所示。

（4）单击【修改】面板下的 ██（忽略背面），把勾选去掉，如图 3.96 所示。然后选中模型，在【面】的子层级下，框选所有的面，在【编辑 UVW】窗口里单击"Mapping"【贴图】下拉的"Flatten Mapping"【展平贴图】子菜单，各面展平后的效果如图 3.97 所示。

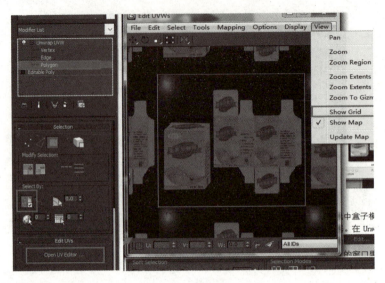

图 3.96　展开 UVW

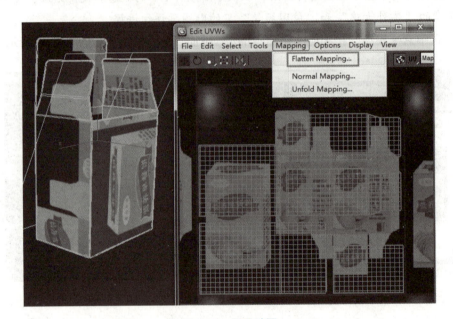

图 3.97　展平贴图

1. 手动调面贴图

（1）展平贴图后，模型上的每个面都自动打断成独立的面。选中如图 3.98 所示的正面，单击 "Edit UVWs"【编辑 UVW】窗口下的 ◁【过滤选定面】按钮，使其呈◁状，然后选择 ▦ "Freeform Mode"【自由变形】工具，通过旋转、缩放来调整其位置，细微处可以切换到点层级进行调整，完成后效果如图 3.98 所示。

（2）选中如图 3.99 所示的侧面，通过上一步相同的方法，旋转、缩放调整其位置，完成后如图 3.99 所示。

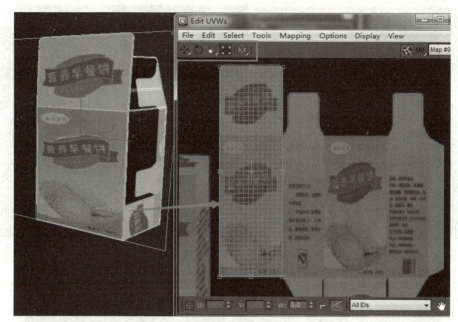

图 3.98 调整正面

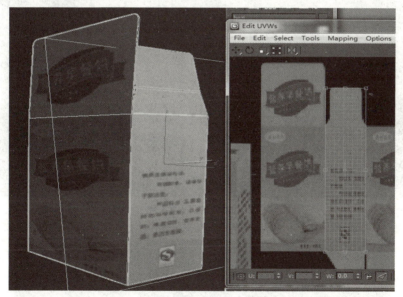

图 3.99 侧面贴图

（3）其他面用相同的方法完成贴图，其中另一相正面和侧面也可以通过复制方法实现（如选贴图的正面下部分，右击选择"Copy"，然后选需要贴图的另一个正面，右击选择"Paste"，这样可以完全复制前面的贴图效果，如图 3.100 所示）。所有贴图完成后的效果图如图 3.101 所示。

2. 缝合法贴图

（1）展平贴图后，把图 3.102 所示的面选中，逆时针旋转 90°，原则上贴图的所有面都放在蓝色框内，为了后期方便操作先统一把所有的面移动到蓝色框外，如图 3.102 所示。

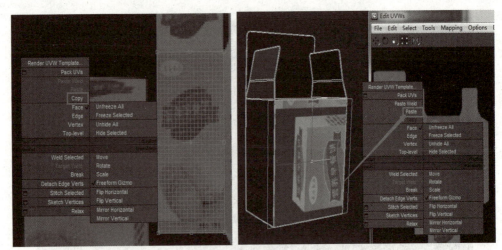

图 3.100　复制贴图

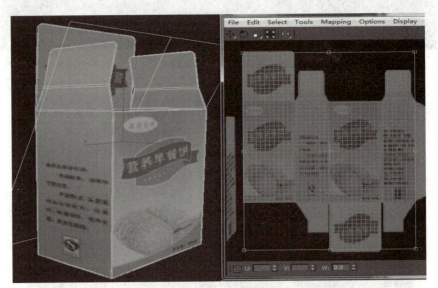

图 3.101　贴图效果图

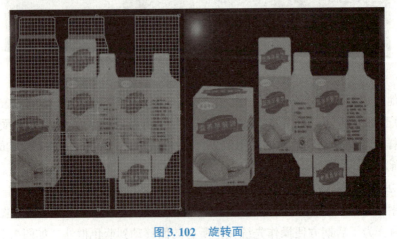

图 3.102　旋转面

（2）选中模型的正面，移到蓝色框区域里，切换到线段级别（快捷键为数字2），选中如图3.103所示的线段，此时会自动捕捉到和此线段相连的线段（呈现蓝色），如图3.103所示。

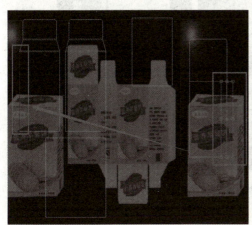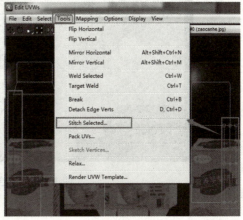

图 3.103　缝合线段

（3）在 UVW 编辑中，选择图3.103的菜单"Tools"【工具】的下拉菜单，选择"Stitch Selected"【缝合所选择的】子菜单，缝合后的效果如图3.104所示。

注：线段缝合方法比手动调整面片要更加准确严谨。

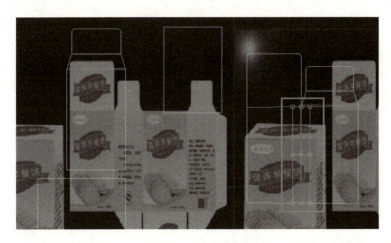

图 3.104　缝合效果图

（4）用相同的方法，缝合其他的线段，全部缝合完成后，框选所有线段，选择 ⊞ "Freeform Mode"【自由变形】工具，通过旋转、缩放来调整其位置，细微处可以切换到点层级进行调整，调整完成后的效果图如图3.105所示。

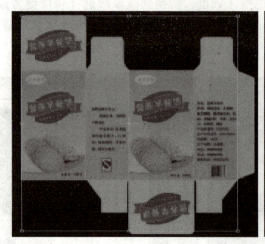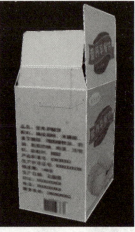

图 3. 105　缝合调整后效果图

第 **4** 章

室内外场景的灯光与摄像机

本章要点

灯光与摄像机是构成场景的重要组成部分，光线与阴影是三维图形效果中不可缺少的因素，所有对象的质感都需要通过照明得以体现，通过灯光可以让场景产生明暗变化，把场景中的气氛营造出来，而通过摄像机可以方便地观察场景的角度和远近。本章主要向用户介绍设置灯光与摄像机的基础知识和应用方法。

➤一个实际的项目流程如下：

➤创建三维模型（物体的真实模型）

➤加材质贴图（真实的质感和视觉效果）

➤打灯光与摄像机（真实光影效果，定点观察或浏览）

➤渲染出图

本章主要介绍 3ds Max 的灯光和摄像机。

职业素养养成

通过灯光与摄像机的学习，让学生熟悉和掌握灯光与摄像机的基础知识和制作技巧，培养学生的创新思维习惯，提高学生细致观察的能力和整体空间驾驭的能力。

通过灯光与摄像机的学习，让学生掌握灯光和摄像机的基本专业知识点，结合企业岗位需求，让学生学会将所学技法应用到实践创作中，具备良好的自我学习能力和团队合作能力。

4.1 摄像机设置

摄像机可以模拟真实世界中人们观察的角度，如俯视、仰视、鸟瞰等，三维场景中的摄像机比现实中的摄像机更加优越，可以瞬间移至任何角度、更换镜头效果等。虽然在摄像机视图中的观察效果与在视图中的观察效果相同，但是在摄像机视图中，用户可以根据场景的需要随意调整摄像机的角度与位置，因此使用起来更加方便。

创建摄像机的方法非常简单，经常用到的方法有两种，一种方法是在透视图中调整好角度，然后按键盘上的【Ctrl】+【C】组合键即可把透视图直接转换为摄像机视图（快速打相机）；另一种方法与创建灯光的方法相同。在【修改】面板中依次单击"Create"
【创建】|"Camera"【摄像机】按钮，摄像机的类型有两种，"Target"【目标】摄像机和 Free
【自由】摄影机。创建"Target"【目标】摄像机时先拖曳出摄像机物体，然后再放置到目标
点的位置；创建"Free"【自由】摄像机时，则创建出来的"Free"【自由】摄像机的视角
与激活视图垂直。

1. 目标摄像机

目标摄像机由摄像机和目标点两部分构成，通过在场景中有选择地确定目标点和摄像机来
选择观察的角度，围绕目标对象观察场景，这是三维场景中常用的一种摄像机类型，如图 4.1
所示。

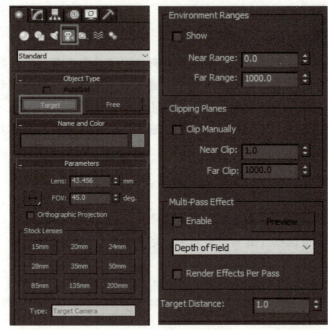

图 4.1　目标摄像机

（1）"Lens"【镜头】：以毫米为单位设置摄像机的焦距。

（2）"FOV"【视野】：设置摄像机查看区域的宽度视野，有水平、垂直、对角线 3 种。

（3）"Orthographic Projection"【正交投影】：选中该复选框，系统将把摄像机视图转换
为正交投影视图。

（4）"Stock Lenses"【备用镜头】：该选项组中提供了一些标准镜头，单击相应的按钮，
【镜头】和【视野】文本框中的数值会自动更新。

（5）"Type"【类型】：用于切换摄像机的类型。

（6）"Environment Ranges"【环境范围】：用于模拟大气环境效果，而大气的浓度由摄
像机范围决定。

（7）"Clipping Planes"【剪切平面】：用于设置摄像机的剪切范围，范围外的场景对象
不可见。

（8）"Target Distance"【目标距离】：用于设置摄像机与目标点之间的距离。

2. 自由摄像机

自由摄像机没有目标点，可以自由旋转没有约束，但在移动时，因为自由摄像机具有一定方向性，所以镜头总是对着一个方向。自由摄像机的创建方法与目标摄像机的创建方法是相同的，在"对象类型"栏中单击"Free"【自由】，在视图中单击鼠标左键，即可创建自由摄像机。

4.2 3ds Max 的灯光介绍

在视觉效果中，灯光起着非常重要的作用，合适的灯光布局可以为场景营造特别气氛，一个好的灯光设置可以弥补模型和材质上的缺陷；反之，错误的灯光设置会出现较差的结果。灯光有助于 3D 作品情感的表达，运用光线的表现手法，塑造人物形象或景物形象，使之达到作品内容所要求的艺术效果。

本小节的灯光主要有三种：

➤光度学灯光（Photometric）：典型的室内（光域网）使用。

➤标准灯光（Standard）：灯光简单，主要用于室外灯光、补光或球形灯。

➤VRay 灯光（VRay）：光线效果好，主要适用于室内灯光。

1. 3ds Max 灯光的种类

在 3ds Max 灯光【创建】面板（图 4.2）中可以找到两种类型的灯光："Standard"【标准灯光】和"Photometric"【光度学灯光】。所有灯光类型在视图中显示为灯光对象。标准灯光是基于计算机的对象，是模拟灯光，如家用或办公室灯、舞台和电影工作室使用的灯光设备，以及太阳光本身。不同种类的灯光对象可用不同的方式投射灯光，用来模拟真实世界不同种类的光源。与光度学灯光不同，标准灯光不具有基于物理的强度值。

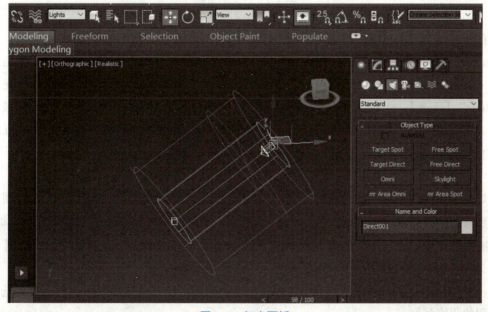

图 4.2 灯光面板

提示：3ds Max 的灯光【创建】面板中默认灯光类型有两种："Standard"【标准灯光】和"Photometric"【光度学灯光】。但在安装一些第三方渲染插件以后，会增加相应类型的灯光。在安装 VRay 渲染插件以后，在灯光【创建】面板中就会多出 VRay 的灯光。

2. 灯光【创建】面板介绍

通过 3ds Max 的灯光【创建】面板可以为场景创建不同类型的灯光。在灯光【创建】面板中选择所需灯光，在视图中单击，即可建立一盏灯光物体。灯光创建以后可以使用移动、旋转和缩放等工具对灯光的位置与大小进行调整，如图 4.3 所示。

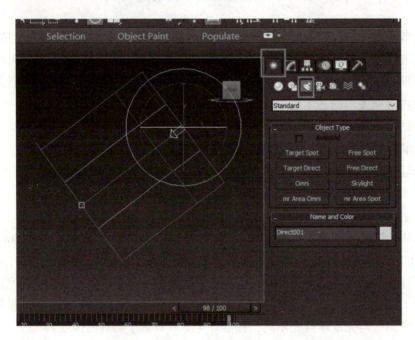

图 4.3 灯光的操作

在灯光【创建】面板中选择不同的灯光类型，面板中会列出相应的灯光列表，其中"Standard"【标准灯光】类型中有："Target Spot"【目标聚光灯】、"Free Spot"【自由聚光灯】、"Target Direct"【目标平行光】、"Free Direct"【自由平行光】、"Omni"【泛光灯】、"Skylight"【天光】、"mr Area Omni"【mr 区域泛光灯】和"mr Area Spot"【mr 区域聚光灯】；"Photometric"【光度学灯光】类型中有："Target Light"【目标灯光】、"Free Light"【自由灯光】、"mr Sky Portal"【mr 天光入口】，如图 4.4 所示。

3. 灯光【属性】面板

灯光创建以后，可以随时通过灯光的【属性】面板对灯光参数进行调整。在视图中选择需要修改的灯光物体，然后在 3ds Max 的【命令】面板中单击可打开灯光【属性】面板。灯光的参数很多，而且不同的灯光面板中的参数也会有一些区别，下面以"Omni"【泛光灯】为例进行介绍，如图 4.5 所示。

（1）"General Parameters"【常规参数】：用于对灯光启用或禁用投射阴影，并且选择灯光使用的阴影类型。

（2）"Intensity/Color/Attenuation"【灯光/颜色/衰减参数】：可以设置灯光的颜色和强度，并可以定义灯光的衰减。

图 4.4　灯光类型　　　　　　　　　　　图 4.5　灯光属性面板

（3）"Advanced Effects"【高级效果】：提供影响灯光影响曲面方式的控件，也包括很多微调和投影灯的设置。

（4）"Shadow Parameters"【阴影参数】：所有灯光类型（除了"Skylight"【天光】和"IES Sky"【IES 天光】）和所有阴影类型都具有【阴影参数】栏。使用该选项可以设置阴影颜色和其他常规阴影属性。

（5）"Atmospheres&Effects"【添加大气或效果】：可以将大气或渲染效果与灯光相关联。

（6）"mental ray Indirect Illumination"【mental ray 间接照明】：提供了使用 mental ray 渲染器照明行为的控件。卷展栏中的设置对使用默认扫描线渲染器或高级照明（光跟踪器或光能传递解决方案）进行的渲染没有影响。

（7）"mental ray Light Shader"【mental ray 灯光着色】：为选定的灯光添加 mental ray 渲染器所特有的灯光 Shader（着色）。

4.3　Photometric 灯光

"光度学"灯光是系统默认的灯光，主要用于室内，其中光域网是最典型的应用，模拟筒灯、射灯、壁灯等。

4.3.1　"Target Light"【目标灯光】开启与设置

1. 灯光的开启
打开"Target Light"【目标灯光】，如图 4.6 所示。

2. 灯光的设置

（1）"General Parameters"【基本参数】分为3部分："Light Properties"【灯光属性】、"Shadows"【阴影】、"Light Distribution（Type）"【灯光分布类型】，如图4.7所示。

（2）"Light Distribution（Type）"【灯光分布类型】：描述灯光发射的光源的方向分布。分别有："Photometric Web"【光域网】、"Spotlight"【聚光灯】、"Uniform Diffuse"【漫反射】、"Uniform Spherical"【等向】，如图4.8所示。

图4.6　灯光的开启

图4.7　基本参数

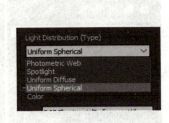

图4.8　灯光分布类型

3. "Intensity/Color/Attenuation"【强度/颜色/衰减】

（1）"Color"【颜色】选项组。

灯光下拉列表框：可选择预定义的标准灯光来设定灯光的颜色，如荧光灯、水银等或氙灯等。通过改变色温参数旁的样本值也可影响所选择的灯光颜色。

"Kelvin"【开尔文】：通过调整色温参数来设置灯光颜色。调节 Kelvin 值，相应的灯光颜色将显示在右侧的颜色样本中。

"Fillter Color"【过滤颜色】：使用颜色过滤器来模拟放在灯前的彩色滤光纸的效果，通过改变旁边颜色样本值来调节，默认为白色。

（2）"Intensity"【强度】选项组。

"Lm"【流明】：单位，测量整个灯光的输出功率。如一个100瓦的灯泡大约1 750流明的光通量。

"Cd"【坎德拉/烛光】：单位，测量灯光的最大发光强度。一个100瓦的灯泡大约139烛光。

"Lx at"【勒克斯】：测量由灯光引起的照度，是国际场景单位，等于1流明/米^2。

"Multiplier"【倍增器】：用来设置灯光的强度。

4.3.2　光域网制作射灯

"Photometric Web"【光域网】制作射灯效果如图4.9所示。

（1）打开"Target Light"【目标灯光】，如图4.10所示。

（2）设置"General Parameters"【常规参数】的"Light Distribution（Type）"【灯光分布】为 Photometric Web 格式，按"Choose Photometric File"【选择光域网文件】，如图4.11所示。

射灯操作视频

图 4.9 射灯效果

图 4.10 目标灯光

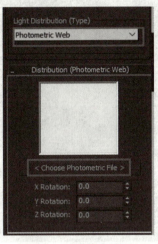

图 4.11 选择光域网

（3）在弹出的对话框中选择 10 号 IES 文件"20. ies"，如图 4.12 所示（3ds Max 可以用 IES、CIBSE、LTLI 光域网文件，常用 IES 文件）。

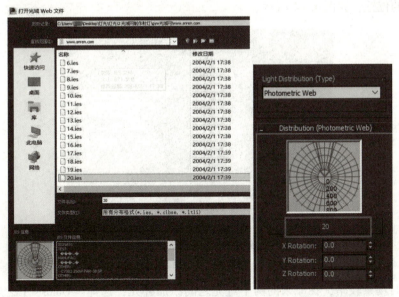

图 4.12 光域网文件

（4）在前视图把聚光灯调整到合适的位置，设置"Intensity/Color/Distribution"【强度/颜色/分布】下的"Intensity"【强度】的"cd"【烛光】参数为 1 000 000，如图 4.13 所示。

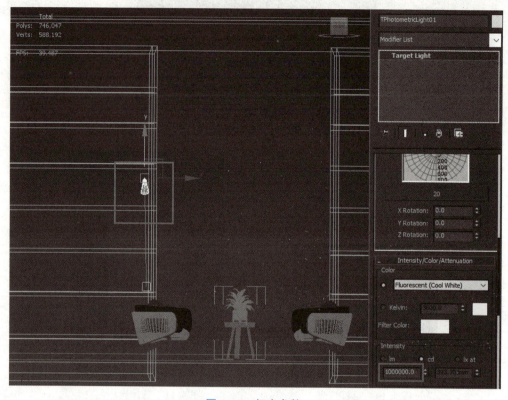

图 4.13　灯光参数

（5）选择灯光"TPhotometricLight01"，按【Ctrl】+【V】组合键复制一个灯光，并调整到右侧合适的位置，如图 4.14 所示。

图 4.14　灯光位置

（6）此时场景较暗，在原来的两个灯光之间添加补光，选择"Omni"【泛光灯】，并设置其"Multiplier"【倍增值】为 0.2，如图 4.15 所示。

图 4.15　补光

（7）场景的最终渲染效果，如图 4.16 所示。

图 4.16　最终渲染效果图

4.4　Standard（标准）灯光

标准灯光是基于计算机的模拟灯光对象，如家用或办公室灯、舞台和电影工作时使用的灯光设备和太阳光本身。不同种类的灯光对象可用不同的方法投射灯光，模拟不同种类的光源。

4.4.1　标准灯光的公用参数

"标准"灯光包括 8 种类型，分别是"Target Spot"【目标聚光灯】、"Free Spot"【自由聚光灯】、"Target Direct"【目标平行光】、"Free Direct"【自由平行光】、"Omni"【泛光

灯】、"Skylight"【天光】、"mr Area Omni"【mr 区域泛光灯】和"mr Area Spot"【mr 区域聚光灯】。其中，【目标聚光灯】主要用来制作模拟吊灯、舞台灯、手电筒等；【自由聚光灯】模拟动画灯光；【目标平行光】模拟日光；【自由平行光】模拟自然光；【泛光灯】模拟烛光、球形灯、场景补光等；【天光】模拟天空光；【mr 区域泛光灯】与【泛光灯】类似；【mr 区域聚光灯】与【聚光灯】类似。

在这些基本照明类型中除了天光之外，所有的灯光对象都享有共同的控制参数，这些参数控制灯光的基本特征，包括"常规参数"栏、"强度/颜色/衰减"栏、"聚光灯参数"栏、"高级效果"栏、"阴影参数"栏、"阴影贴图参数"栏等。

（1）"General parameters"【常规参数】栏，主要用于控制灯光、阴影的开关以及灯光的排除设置。

（2）"Intensity/Color/Attenuation"【强度/颜色/衰减】栏，主要用于控制灯光的强度、颜色以及衰减。

（3）"spotlight Parameter"【聚光灯参数】栏，"平行光参数"中的这些参数控制聚光区和衰减区。

（4）"Advanced Effects"【高级效果】栏，主要用于调整在灯光的影响下，对象表面产生的效果和阴影贴图。

（5）"Shadow Parameters"【阴影参数】栏，可以对阴影进行设置和调整，包括质色、密度以及阴影贴图等。

（6）"Shadow Map Parameters"【阴影贴图参数】栏，对"Bias"【偏移】|"Size"【大小】|"Sample Range"【采样范围】的参数设置为3、256 和5。

4.4.2 使用"Target Spot"【目标聚光灯】制作手电筒灯光

"Target Spot"【目标聚光灯】可以产生一个锥形的照射区域，区域以外的对象不会受到灯光的影响，主要用来模拟吊灯、手电筒等发出的灯光。"Target Spot"【目标聚光灯】由透射点和目标点组成，其方向性非常好，对阴影的塑造能力也很强。

"Target Spot"【目标聚光灯】制作手电筒效果如图4.17 所示。

手电筒灯光视频

图4.17　手电筒效果

（1）打开场景，按【T】键切换到顶视图，选择"Standard"【标准】|"Target Spot"【目标聚光灯】，在如图 4.18 所示的位置创建第一盏灯光。

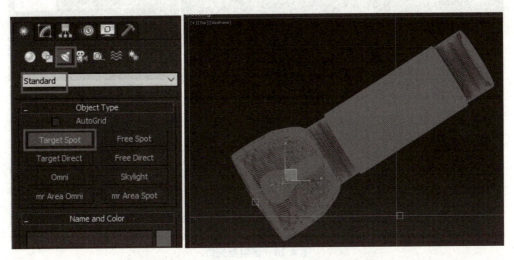

图 4.18　目标聚光灯

（2）设置"Intensity/Color/Attenuation"【强度/颜色/衰减】参数，"Multiplier"【倍增】为 3，打开"Spotlight Parameters"【聚光灯参数】栏，设置"Hotspot/Beam"和"Falloff/Field"的参数分别为 28 和 118，颜色为淡黄，如图 4.19 所示。

图 4.19　灯光参数

（3）选中第 1 盏灯光，按【Ctrl】+【V】键复制，在原位置复制出第 2 盏聚光灯，并设置其参数，"Multiplier"【倍增】为 3，"Hotspot/Beam"和"Falloff/Field"的参数分别为 28 和 48，如图 4.20 所示。

（4）此时会发现灯泡前的玻璃比较暗，然后在玻璃后面进行补光。切到顶视图，在如图的位置创建一盏"Omni"【泛光灯】进行补光，颜色为淡黄，如图 4.21 所示。

（5）按【F】键切换到前视图，选择"Standard"【标准】|"Target Spot"【目标聚光灯】，作为辅助光源照亮整个场景。如图 4.22 所示。

（6）调整辅助光源的参数，"Multiplier"【倍增】为 0.5，"Hotspot/Beam"和"Falloff/Field"的参数分别为 48 和 110，颜色为白色，如图 4.23 所示。

（7）最终渲染效果图，如图 4.24 所示。

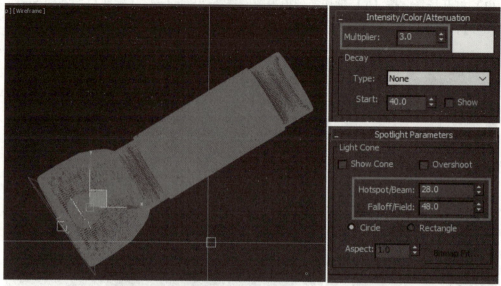

图 4.20 复制聚光灯

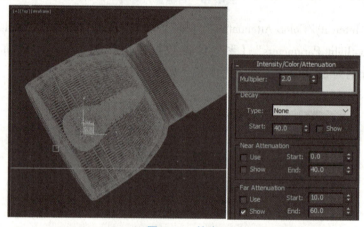

图 4.21 补光

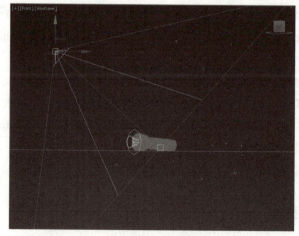

图 4.22 辅光

图 4.23　灯的位置

图 4.24　最终渲染效果图

4.4.3　使用"Target Direct"【目标平行灯】模拟日光

　　"Target Direct"【目标平行灯】可以产生圆柱形的平行照射区域，类似于激光的光束，具有大小相等的发光点和照射点，常用于模拟太阳光、探照灯和激光光束等特殊灯光效果。"Target Direct"【目标平行光】模拟日光效果如图 4.25 所示。

图 4.25　模拟日光效果

（1）打开"Standard"【标准】|"Target Direct"【目标平行光】，如图 4.26 所示。

（2）设置"General Parameters"【基本参数】里的"Shadows"【阴影】的参数"On"勾选上，设置"Shadows"【阴影】的类型参数为"Area Shadows"【区域阴影】，如图 4.27 所示。

图 4.26　目标平行光

图 4.27　基本参数

（3）设置"Intensity/Color/Attenuation"【强度/颜色/衰减】的"Multiplier"【倍增值】为 1.0，如图 4.28 所示。

（4）设置"Intensity/Color/Attenuation"【强度/颜色/衰减】的"Color"【颜色】为 RGB（253，243，215），如图 4.29 所示。

图 4.28　更改倍增值

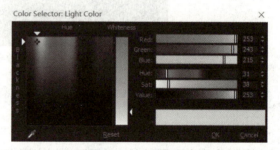

图 4.29　灯光颜色

（5）把"Target Direct"【目标平行光】放置在场景适应的位置，效果如图 4.30 所示。

图 4.30　灯光位置

4.4.4　室外灯光应用——室外小房子场景

此处以第 2 章的"室外小房子场景"为例，接着讲解灯光部分。
室外小房子灯光效果如图 4.31 所示。

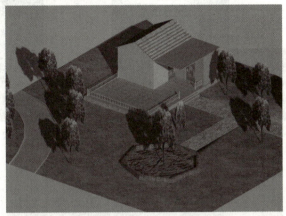

图 4.31　灯光效果图

（1）单击  选中"Standard"【标准灯光】栏下的"Target Direct"【目标平行光】来模拟太阳光，在场景中效果如图 4.32 所示。

（2）在 【修改】面板中修改设置灯光的参数，打开灯光所带的阴影（在"On"前打钩），设置阴影的类型为"Adv. Ray Traced"，设置"Multiplier"【倍增】为 0.44，以及光线衰减范围，具体参数如图 4.33 所示。

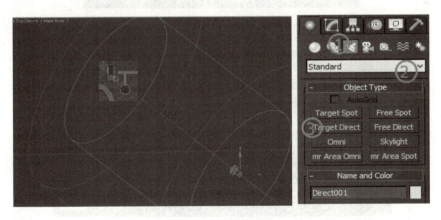

图 4.32　目标平行光

（3）选中目标平行光，勾选"Optimizations"【优化】栏下的"On"，开启优化，并开启双面阴影，具体如图 4.34 所示。

（4）如果场景中有的地方太暗，如图 4.35 所示。单击 将下拉菜单设置为"Standard"【标准灯光】，然后单击"Omni"【泛光灯】为场景进行补光，设置其"Multiplier"【倍增】为 0.12，效果如图 4.36 所示。

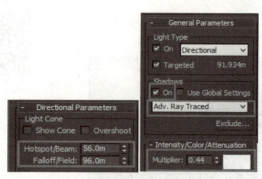

图 4.33　灯光参数设置　　　　　　　　图 4.34　场景优化图

图 4.35　无补光渲染图

图 4.36　有补光渲染图

4.5　VRay 灯光

　　VRay 灯光的光线效果好，主要用于室内灯光效果。主要有 "VRayLight"【VRay 光源】和 "VRaySun"【VRay 太阳灯光】。其中 VRay 光源主要模拟室内环境的灯光，有平面、球形、穹顶三种类型；VRay 太阳灯光主要用来模拟室外真实的太阳光。下面主要通过案例来学习两种灯光的使用方法。

4.5.1　VRayLight【VRay 光源】

VRayLight【VRay 光源】参数如图 4.37 所示。

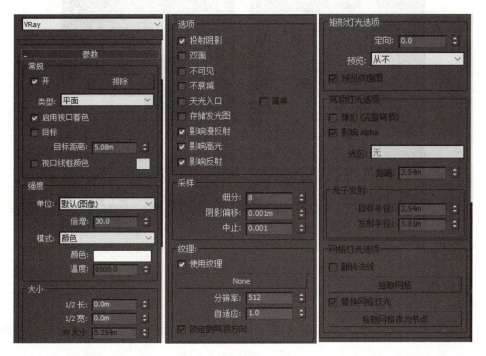

图 4.37　VRay 光源参数

VRay 光源主要参数介绍。

（1）双面：用来控制是否让灯光的双面都产生照明效果（当灯光类型为平面时有效，其他灯光类型无效。）

（2）不可见：这个选项用来控制最终渲染时是否显示 VRay 光源的形状。

（3）影响漫反射：控制灯光是否影响物体的漫反射，一般是打开的。

（4）影响高光：控制灯光是否只对场景中照明有影响，物体是否产生高光效果。

（5）影响反射：控制灯光是否会被别的物体反射出来。

（6）细分：这个参数控制 VRay 光源的采样细分。当设置比较低的值时，会增加阴影区域的杂点，但是渲染速度比较快。

4.5.2　VRaySun【VRay 太阳灯光】参数

VRaySun【VRay 太阳灯光】参数主要用来模拟真实的室外太阳光。VRay 太阳的参数比较简单，只包含一个 "VRay 太阳参数" 栏，如图 4.38 所示。

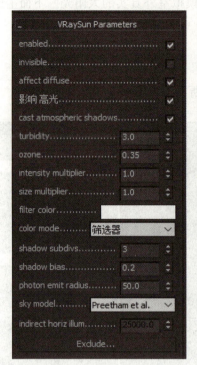 

图 4.38　VRay 太阳中英文参数对照

VRay 太阳主要参数介绍。

（1）投射大气阴影：开启该选项以后，可以投射大气的阴影，以得到更加真实的阳光效果。

（2）混浊度：这个参数控制空气的混浊度，它影响 VRay 太阳和 VRay 天空的颜色。比较小的值表示晴朗干净的空气，此时 VRay 太阳和 VRay 天空的颜色比较蓝；较大的值表示灰尘含量重的空气（比如沙尘暴），此时 VRay 太阳和 VRay 天空的颜色呈现为黄色甚至橘黄色。

（3）臭氧：这个参数是指空气中臭氧的含量，较小的值的阳光比较黄，较大的值的阳光比较蓝。

（4）强度倍增：这个参数是指阳光的亮度，默认值为 1。

注意：“混浊度”和“强度倍增”相互影响，因为当空气中的浮尘多的时候，阳光的强度就会降低。“大小倍增”和“阴影细分”也是相互影响的，这主要是因为影子虚边越大，所需的细分就越多，也就是说“大小倍增”值越大，“阴影细分”的值就要适当增大，因为当影子为虚边阴影（面阴影）的时候，就会需要一定的细分值来增加阴影的采样，不然就会有很多杂点。

（5）大小倍增：这个参数是指太阳的大小，它的作用主要表现在阴影的模糊程度上，较大的值可以使阳光阴影比较模糊。

（6）阴影细分：这个参数是指阴影的细分，较大的值可以使模糊区域的阴影产生比较光滑的效果，并且没有杂点。

（7）天空模型：选择天空的模型，可以选晴天，也可以选阴天。

4.5.3　测试 VRay 光源的双面发光与不可见

VRay 光源的双面发光与不可见操作步骤如下：

（1）打开渲染器设置（快捷键 F10），设置"Common"【菜单】下的"Assign Renderer"【指定渲染器】参数"Production"【结果】为"V-Ray Adv 3.00.08"，如图 4.39 所示。

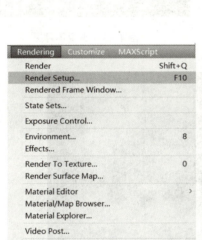

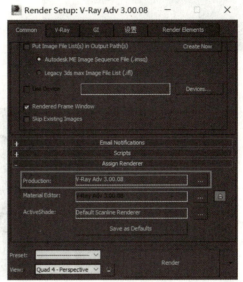

图 4.39　VRay 渲染器

（2）打开 VR – 光源，设置【参数】的基本类型为"平面"，如图 4.40 所示。

（3）设置基本信息单位、倍增器、颜色、大小等（根据自己的情况设置），如图 4.41 所示。

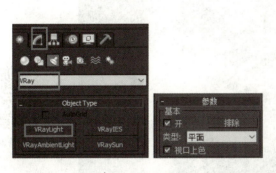

图 4.40　VRay 光源　　　　　　　　　图 4.41　灯光参数

（4）不可见选项，勾上【参数选项】的"不可见"，如图 4.42、图 4.43 为对比效果。

（5）勾上【参数选项】的"双面"，然后放在场景适应的位置，如图 4.44 所示。

图 4.42　光源可见

图 4.43　光源不可见

图 4.44　双面发光

4.5.4　利用 VRay 光源制作落地灯

VRay 光源制作落地灯的效果图如图 4.45 所示。

落地灯视频

图 4.45　落地灯效果图

（1）打开渲染器设置（快捷键 F10），设置 "Common"【菜单】下的 "Assign Renderer"【指定渲染器】参数 "Production"【结果】为 V-Ray Adv 3.00.08，如图 4.46 所示。

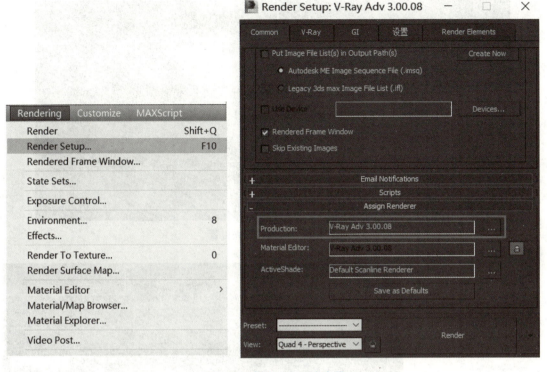

图 4.46　指定 VRay 渲染器

（2）打开 VR - 光源，设置【参数】的基本类型为 "平面"，如图 4.47 所示。

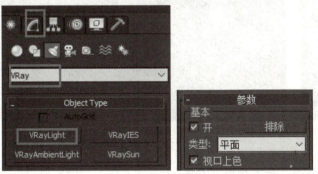

图 4.47　VR - 光源

（3）切换到顶视图，在落地灯灯罩下创建 VRay Light 灯光，具体位置如图 4.48 所示。设置基本信息单位、倍增器、颜色、大小等（根据场景的情况设置），如图 4.48 所示。

（4）调整其参数，倍增值为 5 000，颜色为浅蓝色，大小为半长 30 mm、半宽 22 mm，如图 4.49 所示。

（5）接着在电脑屏幕前创建一个 VR - 光源，设置参数倍增器为 20.0，颜色为浅蓝色，大小为半长 2 500 mm、半宽 2 470 mm，如图 4.50 所示。

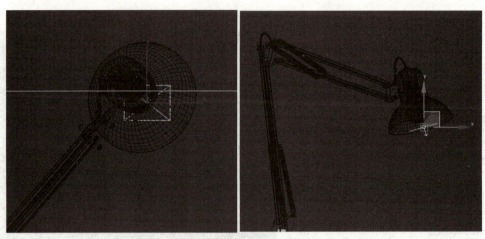

图 4.48　落地灯灯光位置

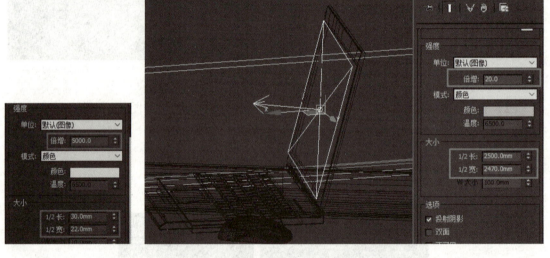

图 4.49　灯光参数　　　　　　　　　　　　图 4.50　笔记本光源

（6）切换到顶视图，在天花板下创建 VR－光源作为辅助光源，设置参数倍增器为 1.0，颜色为浅蓝色，大小为半长 1 000 mm、半宽 1 000 mm，勾选【不可见】，如图 4.51 所示。

（7）按【F10】键打开渲染器，在【GI】面板中勾选【启用全局照明】选项，【首次引擎】选择"发光图"，【二次引擎】选择"灯光缓存"，再设置其他参数，如图 4.52 所示。

（8）单击【Render】按钮进行渲染。最终渲染的效果图如图 4.53 所示。

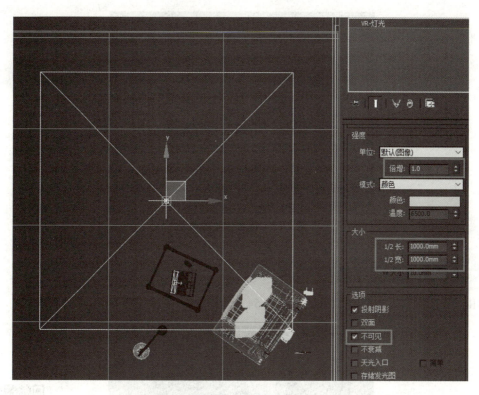

图 4.51　屋顶光源

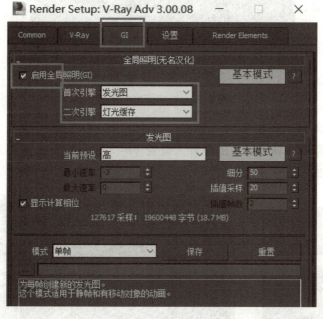

图 4.52　全局照明

图 4.53　最终渲染效果图

4.5.5　利用 VRay 太阳制作室内灯光

VRay 太阳制作室内灯光效果图如图 4.54 所示。

室内灯光视频

图 4.54　卧室灯光效果图

（1）打开 VR-太阳 ，如图 4.55 所示。

（2）把 VR-太阳放在场景适应的位置。设置 VR-太阳参数混浊度为 3.0、臭氧为 0.35，强度倍增为 0.3，如图 4.56 所示。

图 4.55　VR-太阳

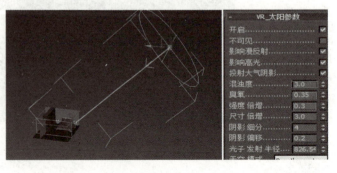

图 4.56　灯光位置及参数

（3）为场景创建一个 VRayLight，制作台灯，设置 VRayLight 的参数类型为"球体"，倍增器为 3，颜色为黄色，半径大小为 450，位置及参数如图 4.57 所示。

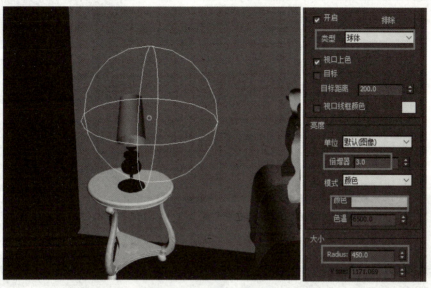

图 4.57　球形灯光参数

（4）按住【Shift】键，然后沿着 X 轴拖拽，复制出来一个新的 VRay 灯光，更改倍增器为 9，半径大小为 56，如图 4.58 所示。

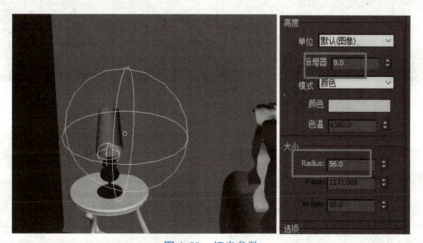

图 4.58　灯光参数

（5）为场景创建一个 Target Light，灯光类型修改为 Photometric Web，灯光文件选择"19.ies"，如图 4.59 所示。

（6）把 VR-光源放在场景合适位置，如图 4.60 所示。

（7）按【F10】键打开渲染器，在【GI】面板中勾选【启用全局照明】选项，【首次引擎】选择"发光图"，【二次引擎】选择"灯光缓存"，再设置其他参数，如图 4.61 所示。

（8）单击【渲染】按钮进行渲染。最终渲染的效果如图 4.62 所示。

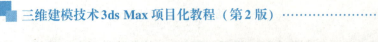

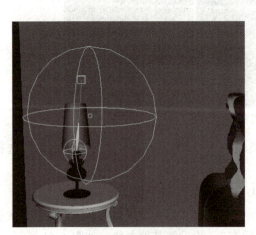

图 4.59　创建 Target Light

图 4.60　灯光位置

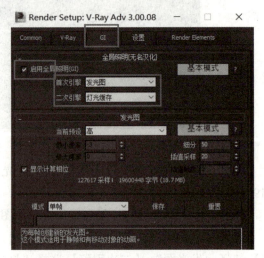

图 4.61　全局照明

图 4.62　卧室灯光渲染效果图

第5章

动画摄像机与简单动画

本课时起将进入动画的学习，在一个大型项目中，如果说场景的搭建是基础，那么动画则具有画龙点睛的效果，如汽车在马路上行驶、蝴蝶在花丛中飞舞、人群从摄像机前面穿过，等等，添加了这些动态的元素之后，整个场景才会鲜活出彩。3ds Max 动画被广泛应用于广告、影视、建筑设计、游戏、工业设计、多媒体制作、工业仿真等领域。本章的动画主要讲解简单并具代表性的刚体动画和柔体动画两种，通过本课时的学习，读者可以了解到关键帧的设置方法，为今后学习复杂的角色动画打下良好的基础。

本章具体包括以下内容：

- 动画摄像机的路径动画制作
- 小球弹跳的刚体动画制作
- 开门的刚体动画制作
- 窗帘拉开的柔体动画制作
- 蝴蝶飞舞的群组动画制作

职业素养养成

通过动画摄像机与简单动画的学习，让学生了解摄像机动画的基本原理和简单动画的制作技巧，从而培养学生基本的动画专业技能知识、细致的观察能力和艺术审美能力。

在课程项目制作中，适时导入典型案例进行分析引导，提高学生的鉴赏能力和创新能力，通过对动画摄像机和简单动画的学习，进一步提高学生的沟通协作能力和团队精神。

5.1 动画摄像机的路径动画

本节主要利用 3ds Max 路径约束命令制作摄像机动画，来达到利用路径控制摄像机位置的效果。通过练习，掌握其他路径约束动画的制作。

（1）打开场景文件，已创建了一个目标摄像机和一个圆形（顶视图创建作路径），如图 5.1 所示。

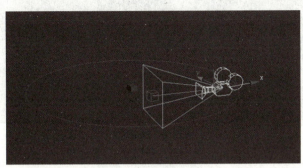

图 5.1 相机和路径

（2）选择摄像机，单击运动"Motion" ◎ 在注视目标窗口单击拾取目标"Pick Target"，鼠标单击 Box01，此时 Box01 为摄像机的注视目标，如图 5.2 所示。

（3）选择摄像机，展开工具栏的动画"Animation"菜单栏，选择约束，摄像机绑定至圆，如图 5.3 所示。

图 5.2 拾取目标

图 5.3 路径约束

（4）选择圆，单击自动关键帧按钮 Auto ，将时间滑块移至第 100 帧，在【修改】面板下将圆的半径改为 50，如图 5.4 所示。

（5）此时移动时间滑块，相机沿圆的路径旋转的同时跟随圆进行缩放单击键盘 C 键切换到摄像机视图，对摄像机进行旋转，调节到一个合适的观察角度。单击底部工具栏中的 ▶ 【播放】按钮，便可以在视口中观察到摄像机路径动画的效果。

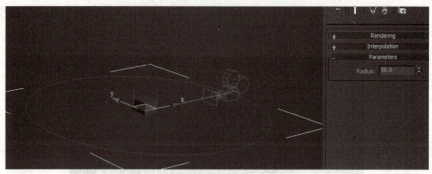

图5.4　关键帧

5.2　小球弹跳的刚体动画

本节主要利用时间轴窗口中的自动关键帧 Auto 命令按钮制作一个小球弹跳的动画，通过练习掌握其他关键帧动画的制作方法。

小球弹跳动画运动轨迹如图5.5所示。

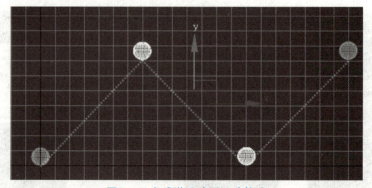

小球跳动动画

图5.5　小球弹跳动画运动轨迹

（1）打开场景文件01.max 文件，如图5.6所示。

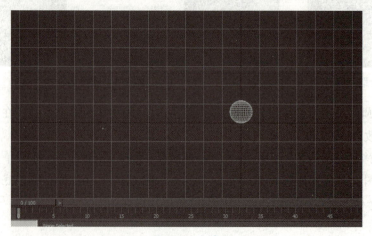

图5.6　小球

（2）选择小球模型，单击"自动关键帧点" 按钮，将时间线滑块拖拽到第 30 帧，使用【选择并移动】工具将小球移动至图 5.7 所在位置，移动输入框的绝对世界坐标为小球的 30 帧时位置，绝对世界坐标为（69.523，0，71.488），此时时间轴出现两个红色关键帧。

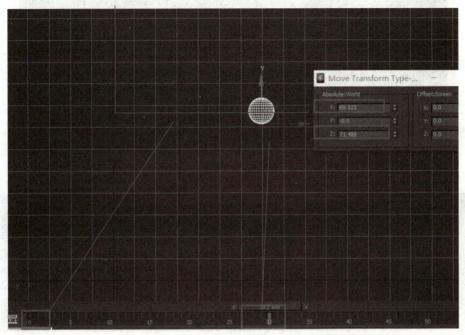

图 5.7 关键帧点

（3）将时间线滑块移动至 60 帧，使用【选择并移动】工具移动小球至图 5.8 位置，移动输入框的绝对世界坐标为小球的 60 帧时位置，绝对世界坐标为（140，0，0）。

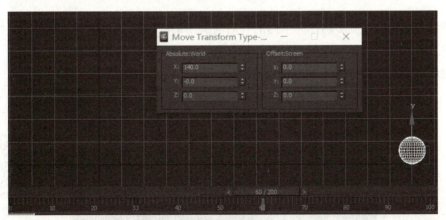

图 5.8 坐标 1

（4）将时间线滑块移动至 90 帧，使用【选择并移动】工具移动小球至图 5.9 位置，移动输入框的绝对世界坐标为小球的 90 帧时位置，绝对世界坐标为（210，0，70）

（5）单击【播放动画】按钮，效果如图 5.10 所示。

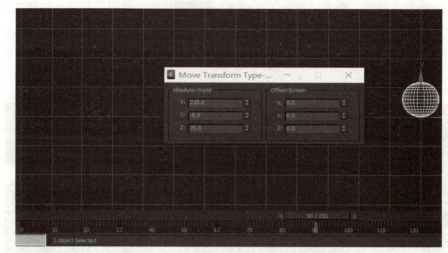

图 5.9　坐标 2

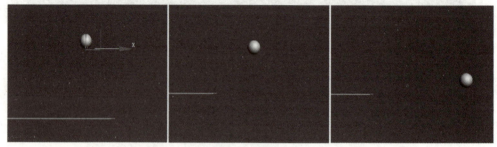

图 5.10　动画效果

5.3　开门的刚体动画

　　本节主要利用 3ds Max 制作一个门的开启与关闭的旋转动画，其中主要应用了修改模型坐标轴位置、自动关键帧以及旋转的知识点。

　　门的运动动画轨迹如图 5.11 所示。

开门动画

图 5.11　门的运动动画轨迹

（1）打开对应的门的场景文件，如图 5.12 所示。

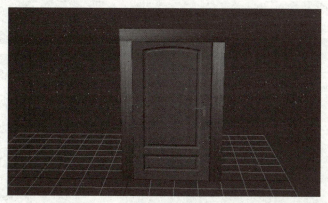

图 5.12　门

（2）选择模型中门的部分点，在【命令】面板上执行"Hierarchy"【层级】|"Pivot"【轴心点】|"Affect Pivot Only"【仅影响轴心点】命令，然后激活捕捉开关，如图 5.13 所示。

图 5.13　层级面板

（3）退出"Hierarchy"【层级】面板，调节时间轴的帧数和格式。单击底部工具栏的【时间配置】按钮，在弹出的"Time Configuration"【时间配置】面板中进行设置，如图 5.14

所示。

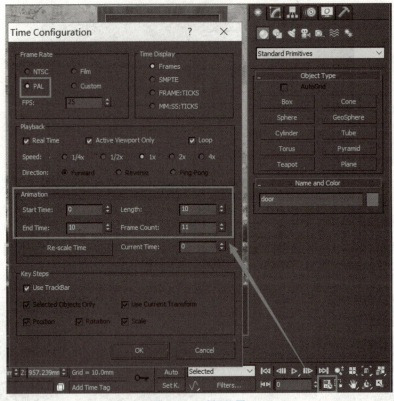

图 5.14　时间配置

提示：如果场景中还有其他动画属性的物体，比如循环跑的汽车、鸟等。那么这里的帧数就会有很长，这时就必须把开门等这些短暂的动画分开做。

（4）使用【选择并移动】工具 将坐标轴移动至门的最左边，因为门的动画需要以门最左边为轴旋转，如图5.15所示。

图 5.15　轴心

（5）单击修改"Modify"【修改器】 面板，并将关键帧滑块移动至40帧位置，单击自动关键帧 Auto 命令按钮，选择并变换"Select and Rotate"【旋转】 按钮，将门逆时针旋转 45°，此时时间轴窗口出现两个绿色关键帧，如图 5.16 所示。

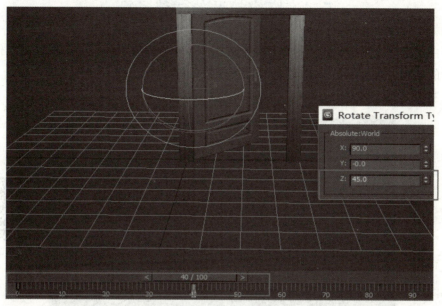

图 5.16　关键帧

（6）按键盘【Shift】键 + 鼠标左键将第 0 帧关键帧拖拽至第 80 帧，此时时间轴窗口出现一个关键帧，此关键帧为第 0 帧的关键帧复制帧，如图 5.17 所示。

图 5.17　复制帧

（7）门的开关动画制作完成，最终效果如图 5.18 所示。

图 5.18　门的开关动画

5.4 窗帘拉开的柔体动画

本节主要是以使用3ds Max 复合对象中放样命令基础建模为前提的柔体动画制作，实现窗帘拉开的动画，通过练习，掌握其他柔体动画的制作方法。

（1）打开场景文件03.max 文件，如图5.19 所示。

拉开窗帘动画

图5.19　窗帘

（2）选择窗帘，单击"Modify"【修改】 ，展开"Loft"【放样】，选择"Shape"【图形】，鼠标单击窗帘最下面曲线，单击图形命令中对齐方式"Align"|"Left"【左】命令按钮，如图5.20 所示。

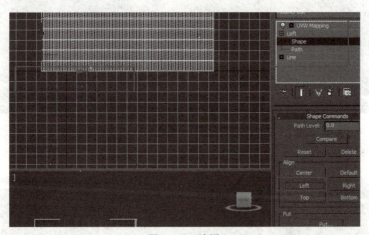

图5.20　放样

（3）单击"Loft"【放样】回到窗帘的修改窗口，展开"Deformations"【变形】下拉栏，单击"Scale"【缩放】，在"Scale Deformation"【缩放变形】窗口中选择"Insert Bezier Point"【添加 Bezier 点】，添加如图5.21 所示的3 个 Bezier 点。

（4）将时间滑块移至第30 帧位置，单击【自动关键帧】按钮 Auto 调节"Scale Deformation"【缩放变形】窗口中的缩放调节曲线，如图5.22 所示。

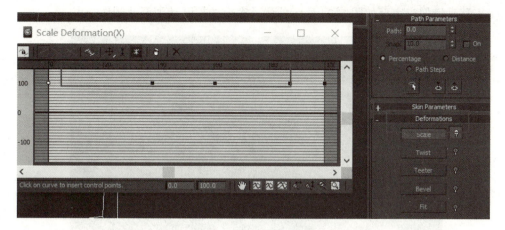

图 5.21　变形面板

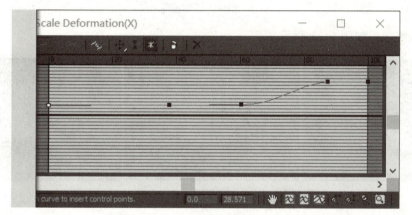

图 5.22　缩放变形

（5）选中窗帘单击"Mirror"【镜像】 ，镜像轴为 X 轴，复制当前选择，单击【确定】按钮，如图 5.23 所示。

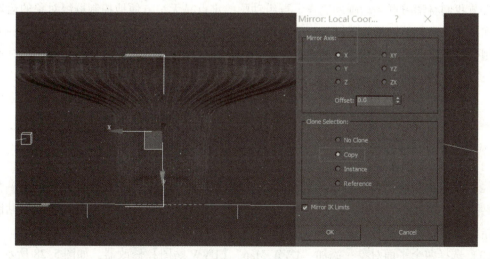

图 5.23　镜像

（6）移动镜像窗帘至如图 5.24 所示位置，窗帘的拉开动画至此制作结束。

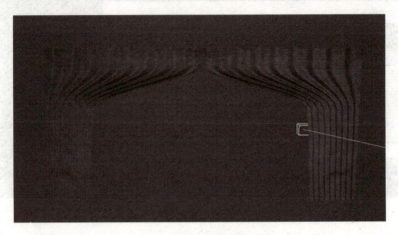

图 5.24　镜像窗帘

（7）最终效果如图 5.25 所示。

图 5.25　窗帘动画

5.5　蝴蝶飞舞的群组动画

本节我们将学习群组动画的制作。群组动画的难点是无法方便地控制群组对象的运动方向，如果逐一进行关键帧的设置又过于烦琐，这里我们将使用到虚拟对象作为父对象的方法来控制一群蝴蝶的飞舞，在运动的轨迹上使用的是路径动画的方式，这样便于我们更好地对蝴蝶飞行的路径进行控制。

主要包括：蝴蝶材质的创建、单个蝴蝶动画的制作、虚拟对象的运用、运动路径的运用。

1. 蝴蝶材质的创建

（1）打开 3ds Max 软件，在顶视图创建两个面片，如图 5.26 所示。

（2）场景中是两个非常简单的平面物体，我们首先需要为这两个平面对象指定一张蝴蝶的贴图。打开材质编辑器，指定一个空白的材质球给这两个平面对象，并在漫反射贴图通道中指定一张蝴蝶的纹理贴图，如图 5.27 所示。

（3）选择两个平面对象，添加"UVW Map"【UVW 贴图】修改器，如图 5.28 所示。

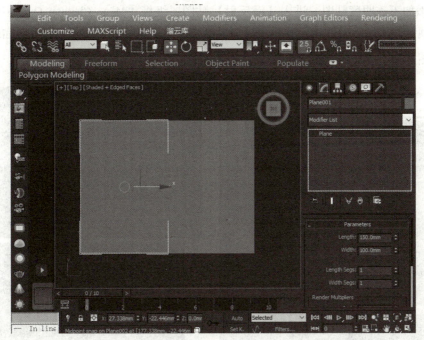

图 5.26　创建面片

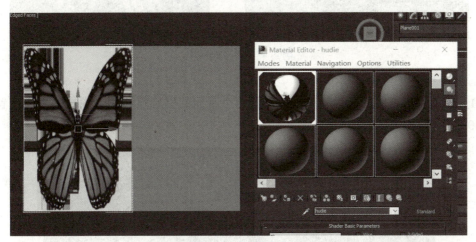

图 5.27　蝴蝶贴图

图 5.28　蝴蝶 UVW 贴图后

（4）添加不透明度贴图。进入【漫反射】贴图层级将"Mono Channel Output"【单通道输出】选项修改为 Alpha 方式，并将漫反射贴图以关联复制的方式复制到"Opacity"【不透明度】贴图通道上，单击 ![icon]【在视口中显示贴图】选项，如图 5.29 所示。

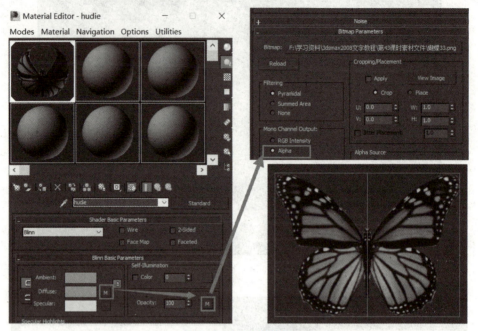

图 5.29　不透明贴图

2. 单个蝴蝶动画的制作

（1）设置蝴蝶翅膀的挥舞动画。分别将两个平面的轴心点移动到蝴蝶的中心位置，如图 5.30 所示。

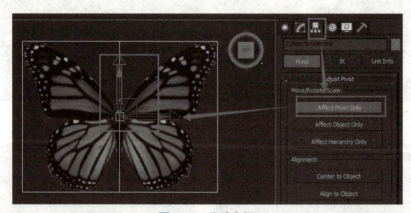

图 5.30　移动坐标

（2）激活 Auto Key 【自动关键帧】按钮。在第 0 帧时，将蝴蝶的两个翅膀调节到抬起状态，如图 5.31 所示。

（3）调节翅膀飞起的动画。把时间滑块移动到第 5 帧的地方，再把蝴蝶的翅膀旋转到向下的状态。这时会看到时间帧第 5 帧上出现了一个红色的关键帧，如图 5.32 所示。

（4）选择两个面片对象，按住【Shift】键把第 0 帧的关键帧移动复制到第 10 帧处，如图 5.33 所示。

图 5.31　编辑第 0 帧

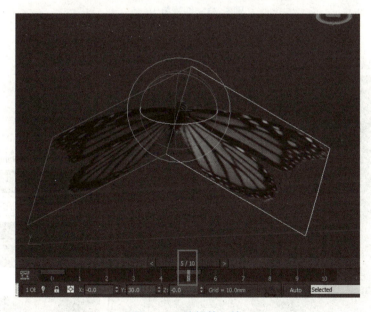

图 5.32　编辑第 5 帧

（5）蝴蝶的动画设置完成之后，接下来便需要将整个动画设置为循环方式。确认两个面片在选定状态下，在工具栏上单击【曲线编辑器】|【控制器】选择【参数曲线超出范围类型】，在弹出的对话框中选择 Cycle【周期】，单击【确认】键即可，如图 5.34 所示。

（6）复制多个蝴蝶对象，并指定不同的纹理贴图，用来模拟蝴蝶群，如图 5.35 所示。

图 5.33　编辑第 10 帧

图 5.34　动画循环

图 5.35　复制多个蝴蝶

3. 虚拟对象的运用

（1）创建虚拟对象来控制蝴蝶群的路径运动。执行"Create"【创建】|"helpers"【帮助对象】|"Dummy"【虚拟物体】命令，在视图中创建"Dummy001"对象，如图 5.36所示。

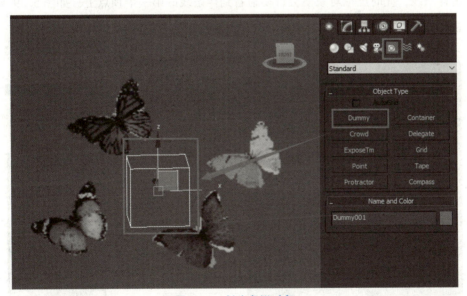

图 5.36　创建虚拟对象

（2）将蝴蝶群绑定到虚拟物体上。选择所有的面片，在工具栏上选择 ![link icon]【选择并绑定】工具，再选择"Dummy001"对象，此时如果移动"Dummy001"对象，所有的蝴蝶也会跟着移动，如图 5.37 所示。

4. 运动路径的运用

（1）创建动画路径。执行"Create"【创建】|"Shapes"【图形】|"Line"【样条线】命

令，在顶视图中绘制一条样条线，进入样条线的顶点级别，调节样条线的外形，使其形态更加复杂，如图 5.38 所示。

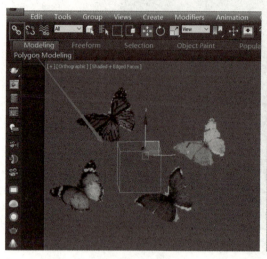
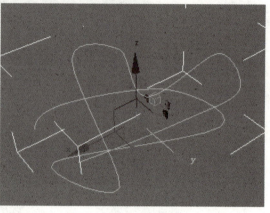

图 5.37　绑定虚拟物体　　　　　　　　　　　　　图 5.38　创建路径

（2）将虚拟绑定到样条线上。选择虚拟对象，在菜单栏上执行 "Animation"【动画】｜"Constraints"【约束】｜"Path Constraint"【路径约束】命令，当鼠标变成连接着一段虚线时，单击样条线，此时虚拟对象便会自动附着到样条线的第一个顶点上，如图 5.39 所示。

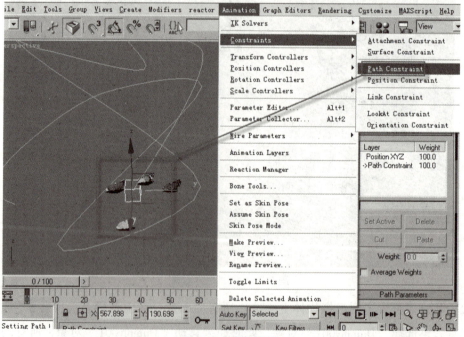

图 5.39　虚拟绑定

（3）调节虚拟对象跟随路径运动的方式，并手动旋转虚拟对象，使蝴蝶飞行时朝向正前方，如图 5.40 所示。

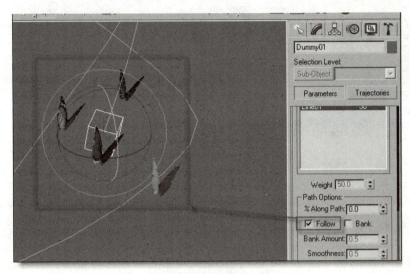

图 5.40　调节跟随路径

（4）蝴蝶的群组动画便制作完成了，依据这种方式我们还可以制作出飞鸟或其他类型的群组动画效果，如图 5.41 所示。

图 5.41　群组动画

第**6**章

室内外场景特效与渲染运用

本章要点

渲染（Render）也叫"着色"，就是对场景进行着色的过程，它通过复杂的运算，将虚拟的三维场景投射到二维的平面上，渲染出优秀的作品。渲染器主要有 Mental Ray 渲染器、Default Scanline 渲染器、VUE 文件渲染器和 VRay 渲染器。

Default Scanline 渲染器渲染速度特别快，但功能不强，适用于简单的、对三维效果要求不高的场景。

Mental Ray 是早期出现的两个重量级的渲染器之一，为德国 Mental Images 公司的产品，主要集成在 3D 动画软件中，它凭借高效的渲染速度和质量在电影领域得到了广泛的应用和认可，是好莱坞电影制作的首选制作软件。《绿巨人》《终结者》《黑客帝国》等影片中都可以看到它的影子。

VRay 渲染器是由 Chaos Group 公司出品，在中国由曼恒公司负责推广的一款高质量渲染软件。VRay 渲染器是目前最受业界欢迎的渲染引擎，为不同领域的优秀 3D 建模软件提供了高质量的图片和动画渲染，方便使用者渲染各种图片。

本章主要介绍 Default Scanline 渲染器和 VRay 渲染器。

职业素养养成

通过室内外场景特效与渲染的学习，让学生掌握特效与渲染的主要知识以及制作要点，在特效和渲染制作中，要注意一些常识的记忆和细节知识要点，培养学生精益求精的工作态度和艺术审美水平，具备良好的自我学习能力和团队合作能力。

在制作特效与渲染中，进一步培养学生自我学习的能力和吃苦耐劳的精神以及严谨的职业精神。

6.1 Default Scanline（默认扫描线）渲染器

Default Scanline 渲染器又称默认扫描线渲染器，是一种多功能渲染器，可以将场景渲染为从上到下的一系列扫描线，渲染速度特别快，但渲染功能不强。因其渲染质量不高，一般情况下都不会用到该渲染器。如图 6.1 所示，"默认扫描线渲染器"共有"Common"【公用】、"Renderer"【渲染器】、"Render Elements"【渲染器元素】、"Raytracer"【光线跟踪器】、"Advanced Lighting"【高级照明】5 大选项卡。

下面通过案例来学习默认扫描线渲染器的用法及参数的设置。此处以第 2 章的"室外小房子场景"为例，接着讲解渲染器的设置部分。

项目渲染案例——室外小房子场景

（1）按【F10】键打开"Render Setup"【渲染设置】对话框，设置渲染器为"Default Scanline Renderer"【默认扫描线渲染】，如图 6.2 所示。

图 6.1　默认扫描线渲染器　　　　　　　　图 6.2　渲染器的设置

（2）单击"Common"【公用】选项卡，在"Output Size"【输出大小】栏下渲染尺寸为 800×600，具体参数如图 6.3 所示。

图 6.3　渲染图片大小设置

（3）打开"Advanced Lighting"【高级照明】面板，在"Select Advanced Lighting"【选择高级照明】面板中选择"Light Tracer"【光跟踪器】选项，"Bounces"【反弹】为 1，效果如图 6.4 所示。

（4）按【Shift】+【Q】键渲染当前场景，最终渲染效果如图 6.5 所示。

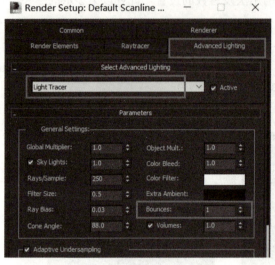

图 6.4　灯光参数设置

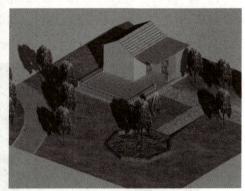

图 6.5　最终渲染图

6.2　VRay 渲染器

VRay 渲染器是保加利亚的 Chaos Group 公司开发的一款高质量渲染引擎，主要以插件的形式应用在 3ds Max、Maya、Sketchup 等软件中。它是一种结合了光线跟踪和光能传递的渲染器。由于 VRay 渲染器可以真实地模拟现实光照，并且操作简单，可控性也很强，因此被广泛应用于建筑表现、工业设计和动画制作等领域，是目前最受业界欢迎的渲染引擎。

VRay 渲染器参数主要包括"Common"【公用】，"V-Ray"【VRay 基项】、"GI"【间接照明】、"Settings"【设置】和"Render Elements"【渲染元素】5 大选项卡，如图 6.6 所示。

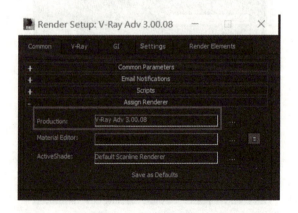

图 6.6　VRay 渲染器

6.2.1 "Common"【公用】选项设置

（1）按下功能键【F10】或单击工具栏中图标打开设置面板选择渲染器；

（2）公共参数设定；

（3）调用方法；

（4）图片保存为 png 格式时背景是透明的，方便后期制作。

6.2.2 "V‒Ray"【VRay 基项】设置

1. "Global Switches"【全局开关】（图 6.7）

"Displacement"【置换】：指置换命令是否使用。

"Lighting"【灯光】：指是否使用场景的灯光。

"Hidden lights"【隐藏灯光】：场景中被隐藏的灯光是否使用。

"Don't render final image"【不渲染最终的图像】：指在渲染完成后是否显示最终的结果。

"Override depth"【覆盖深度】：用于设置 VRay 贴图或材质中反射/折射的最大反弹次数。在不勾选该复选框时，反射/折射的最大反弹次数使用材质/贴图的局部参数来控制。当勾选该复选框时，所有的局部参数设置将会被它取代。

"Overlay material"【覆盖材质】：用一种材质替换场景中所有材质。这种方式在做测试的时候比较有用，它可以方便布光。

图 6.7　全局开关

2. "Image Sampler（Antialiasing）"【图像采样器（抗锯齿）】

如图 6.8 所示，主要用来控制渲染后图像的锯齿效果。

图 6.8　图像采样器

（1）"Type"【类型】。

"Fixed"【固定】：最简单的采样方法，对于每一个像素使用一个固定的样本。

"Adaptive DMC"【自适应准蒙特卡洛】：有大量微小细节好。

"Adaptive subdivision"【自适应细分】：若场景中细节较少是最好的选择，细节多效果不好，渲染速度慢。

"Progressive"【渐进】：不是用块结构渲染图像，而是逐渐渲染整个图像，该采样器的优点是可提供有关渲染质量的实时反馈，且随着时间的推移会不断进行改善。缺点是需要将更多数据保存在内存中，尤其是使用渲染元素时。

（2）"Antialiasing filter"【图像过滤器】。

如图 6.9 所示，图像过滤器主要作用就是在抗锯齿的时候，图像所生成的抗锯齿方式不一样。

图 6.9　图像过滤器

"Area"【区域】：用区域大小计算抗锯齿。

Mitchell – Netravali：一种常用的过滤器，能产生微量模糊的图像效果。

Catmull – Rom：一种具有边缘增强的过滤器，可以产生较清晰的图像效果。

总结：通常，如果不需要模糊特效（全局照明，光滑反射和折射，面光源/阴影，透明），Adaptive Subdivision 采样将是最快的并能产生最好的图像质量效果。如果场景中包含大量模糊特效，应当使用 Fixed 采样；如果场景中只有少量细节，使用 Adaptive Subdivision 采样；如果需要大量的细节，Adaptive DMC 采样将会获得比其他两种采样更好的效果。

3. "Global DMC"【全局确定性蒙特卡洛】

如图 6.10 所示，所谓 DMC，即"全局确定性蒙特卡洛"采样器。它可以说是 VRay 的核心，贯穿于 VRay 的每一种"模糊"计算中。"Global DMC"栏下的参数用来控制渲染的质量和速度。

"Adaptive amount"【自适应数量】：用于控制自适应的百分比，数值越大，杂点越多，渲染时间越快；数值越小，杂点越少，渲染时间越慢。

"Noise threshold"【噪波阈值】：控制最终图像中的杂点，数值越小，杂点越少，渲染品质越高，速度越慢；反之速度越快，杂点越多。

"Time independent"【时间独立】：勾选后，在渲染动画时，会强制每帧都使用同样的样本。

"Global subdivs mult"【全局细分倍增】：可以倍增 VRay 中的任何细分值。该选项可以控制所有细分的百分比。

"Min samples"【最小采样值】：数值越大，渲染时间越慢，效果越好；数值越小，渲染时间越快，效果越差。

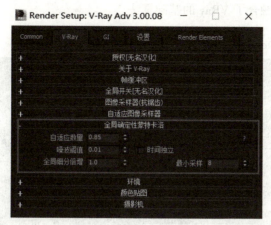

图 6.10 Global DMC 栏

4. "Environment"【环境】

如图 6.11 所示，"环境"栏可以设置天光的亮度和颜色、发射、折射等。

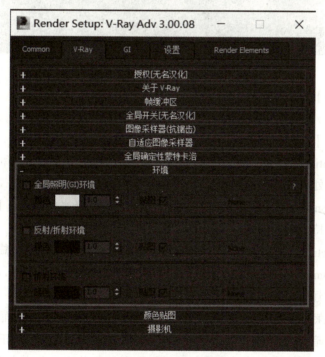

图 6.11 Environment 栏

"GI environment"【全局照明（GI）环境】：控制是否开启 VRay 的天光。

"Color"【颜色】：设置天光的颜色和亮度倍增值，数值越高，亮度越高。

"Reflection/refraction environment"【反射/折射环境】：控制场景中的反射环境。

"Refraction environment"【折射环境】：控制场景中的折射环境。

5. "Color mapping"【颜色贴图】

如图 6.12 所示，主要用于控制整个场景的颜色和曝光方式，本质类似 Photoshop 的滤镜或者调色插件，只不过融合了 VRay 的基础算法。

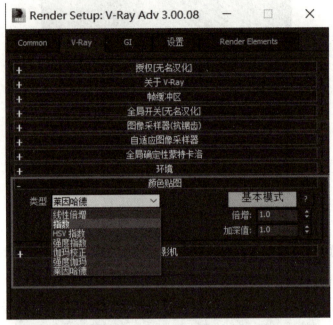

图 6.12 "Color mapping" 栏

"Type"【类型】：提供不同的曝光模式。

"Linear multiply"【线性倍增】：衰减最强烈，明暗边界清楚。

"Exponential"【指数】：衰减柔和，明暗边界模糊。

"HSV Exponential"【HSV 指数】：衰减最不明显，明暗边界最为柔和，一般情况下对于需要高级灰的画面处理效果较好。

"Intensity Exponential"【强度指数】：对上面两种指数曝光的结合，既抑制了光源附近的曝光效果，又保持了场景物体颜色的饱和度。

"Gamma correction"【伽马校正】：采用伽马来修正场景中的灯光衰减和贴图色彩。

"Intensity Gamma"【强度伽马】：这种曝光模式不仅拥有"Gamma correction"【伽马校正】的优点，同时还可以修正场景灯光亮度。

"Reinhard"【莱恩哈德】：通过倍增值和燃烧值就可以完全控制画面的光线衰减效果是强烈还是柔和，明暗部的控制也可以分离，同时还可以进行伽马值的矫正。

总结：一般渲染，分线性倍增和指数两种：指数的优势在于灯光容易控制，不易曝光，缺点就是场景偏灰；线性倍增的优势在于色调明显，有氛围，但缺点就是灯光容易曝光，后期不好调控。Reinhard 颜色贴图模式非常实用，几乎结合了线性倍增、指数和 HSV 指数的所有优点，通过倍增值和燃烧值就可以完全控制画面的光线衰减效果是强烈还是柔和，明暗部的控制也可以分离，同时还可以进行伽马值的矫正，所以 Reinhard 颜色贴图模式受到了业界的好评，被渲染师在制作中广泛使用。

6.2.3　"GI"【间接照明】

如图 6.13 所示，开启间接照明后，对光线进行追踪计算，光线会在物体间互相反弹，产生准确的照明结果。主要分为 "Primary engine"【首次引擎】和 "Secondary engine"【二次引擎】。

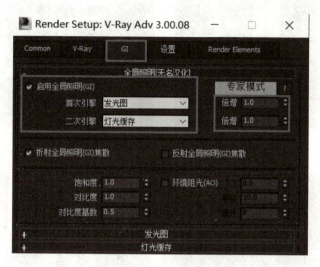

图 6.13　间接照明

注：在真实世界中，光线的反弹一次比一次减弱，这里并不是说光线只反弹两次。当光线照射到 A 物体后反射到 B 物体，B 物体所接收到的光就是"首次反弹"，B 物体再将光线反射到 D 物体，D 物体再将光线反射到 E 物体，D 物体以后物体所得到的光的反射就是"二次反弹"。

1. "Primary engine"【首次引擎】

"Primary engine"【首次引擎】包括"发光图""光子图""BF 算法"和"灯光缓存"4 种。右侧对应倍增值控制"首次反弹"的光的倍增值。值越高，首次反弹的光的能量越强，渲染场景越亮。

2. "Secondary engine"【二次引擎】

"Secondary engine"【二次引擎】包括"无"（表示不使用引擎）、"光子图""BF 算法"和"灯光缓存"4 种。右侧对应倍增值控制二次反弹的光的倍增值。值越高，二次反弹的光的能量越强，渲染场景越亮。

"Irradiance map"【发光贴图】：计算场景中物体漫反射表面的发光，只存在于【首次引擎】中，运算速度快、噪波效果好。

"Light cache"【灯光缓存】：将最后的光发散到摄像机后得到最终图像，逆光，即从摄像机方向开始追踪光线，一般适应于【二次引擎】。其中【细分】设置灯光信息的细腻程度，测试为200，最终为1 000～2 000；【采样大小】是样本的大小，值越小，样本之间相互距离越近，画面越细腻，正式出图设为 0.01 以下。

开启间接照明后，场景的光影会更加自然明亮，如图6.14、图6.15分别是没有开启间接照明和开启了间接照明的效果对比图。

图6.14　间接照明开关对比效果图1

图6.15　间接照明开关对比效果图2

6.2.4　"Settings"【系统设置】

如图6.16所示，【系统】栏下的参数不仅对渲染速度有影响，还会影响渲染的显示和提示功能。

图6.16　系统设置

（1）"Bucket"【渲染块】高度宽度设置：用于设置渲染块的像素高度和宽度。

（2）"Sequence"【序列】：渲染顺序，控制渲染块的渲染顺序，共有 6 种方式。如果场景中有很多复杂物体，使用三角形序列，可以加快渲染速度。

（3）"Dyn mem limit, mb"【动态内存限制】：指的是对动态光线投射器所使用的总内存量的限制，用于动态地生成几何体。在 VRay 运行中，能提取的总内存量由这个参数控制。

（4）"Frame stamp"【帧标记】：在渲染的图像下方显示渲染信息，可以自定义。

（5）"Distributed rendering"【分布式渲染】：当勾选该选项后，可以开启"分布式渲染"功能。

注：渲染分为两大部分：测试和出图两个阶段，其中测试阶段要求速度，出图要求质量。

6.3　渲染器综合项目——卫生间场景的实现

前面学习了材质、灯光、摄像机和渲染器的设置，下面是一个综合项目练习，通过项目的练习，可以把所学的知识进行综合的灵活的应用，渲染出理想的效果图。卫生间最终的效果图如图 6.17 所示。

图 6.17　卫生间最终效果图

6.3.1　场景的材质设置

在配套资料素材文件中打开"VRay 卫生间综合源文件 . max"，效果如图 6.18 所示。

首先要赋予场景中的物件一些真实的贴图材质，如镜子材质、水材质、不锈钢材质、陶瓷材质、玻璃材质等，下面我们逐一进行学习。

（1）将渲染器更改为 VRay 渲染器。打开渲染器设置（快捷键【F10】），选择"Common"【公共】面板下的"Assign Renderer"【指定渲染器】栏，设置"Production"【产品】为"V-Ray Adv 3.00.08"，如图 6.19 所示。

图 6.18　卫生间源文件

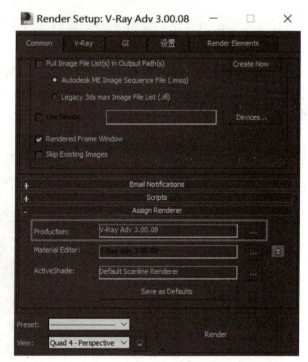

图 6.19　渲染器设置

（2）本场景需要制作水材质、不锈钢、镜子、地板、陶瓷、玻璃、窗纱、外景材质，均为 VRay 材质。

选择一个空的材质球，单击"Get Material"【获取材质】，然后选中"VRayMtl"【VRay 材质】，就会出现 VRay 参数调节的面板。VRay 参数面板打开之后，主要用到"Diffuse"【漫反射】、"Reflection"【反射】、"Hilight glossiness"【高光光泽度】、"Refl. glossiness"【反射光泽度】、"Subdivs"【细分】、"Fresnel reflections"【菲涅耳反射】、"Refraction"【折射】等，具体参数如图 6.20 所示。

（3）制作镜子材质。选择一个空白材质球，然后设置材质类型 VRayMtl，将其命名为"镜子"，具体参数设置及材质球如图 6.21 所示。

①设置【漫反射】颜色为黑色。

②设置【反射】颜色为白色（红 255，绿 255，蓝，255）。

图 6.20 获取 VRay 材质面板

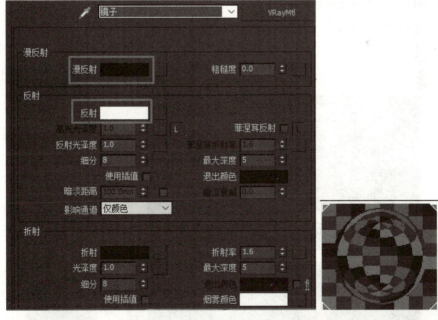

图 6.21 镜子材质

（4）不锈钢材质。选择一个空白材质球，然后设置材质类型 VRayMtl，将其命名为"不锈钢"，具体参数设置及材质球如图 6.22 所示。

①设置【漫反射】颜色为黑色。

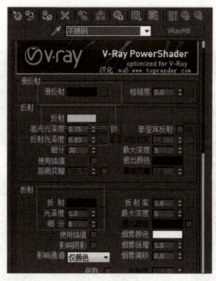

图 6.22　不锈钢材质

②设置【反射】颜色为（红 210，绿 213，蓝 252），设置【高光光泽度】为 0.75、【反射光泽度】为 0.83、【细分】为 30。

③设置【折射】颜色为黑色，设置【折射率】为 1.6。

（5）陶瓷材质。选择一个空白材质球，然后设置材质类型 VRayMtl，将其命名为"陶瓷"，具体参数及材质球效果如图 6.23 所示。

①设置【漫反射】颜色为白色。

②设置【反射】颜色为白色，【反射光泽度】为 0.8、【细分】为 20，勾选"菲涅耳反射"。

图 6.23　陶瓷材质

（6）水材质。选择一个空白材质球，然后设置材质类型 VRayMtl，将其命名为"水"，具体参数设置及材质球效果如图 6.24 所示。

①设置【漫反射】颜色为灰色。

②设置【反射】颜色为（红 84，绿 84，蓝 84）或加衰减，勾选"菲涅耳反射"。

③设置【折射】为白色，设置【折射率】为 1.33，凹凸大小为 10（凹凸在贴图栏里面）。

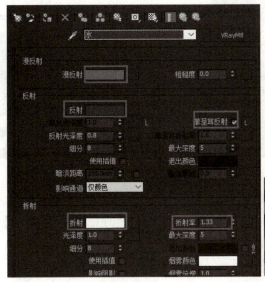

图 6.24　水材质

（7）下面制作玻璃材质。选择一个空白材质球，然后设置材质类型 VRayMtl，将其命名为"玻璃"，具体参数设置及材质球效果如图 6.25 所示。

①设置【漫反射】颜色为（红 128，绿 128，蓝 128）。

②设置【反射】颜色为（红 86，绿 86，蓝 86）或加衰减，勾选"菲涅耳反射"。

③设置【折射】颜色为白色。

图 6.25　玻璃材质

（8）制作地面（地砖）材质。选择一个空白材质球，然后设置材质类型 VRayMtl，将其命名为"地板"，具体参数设置如图 6.26 所示。

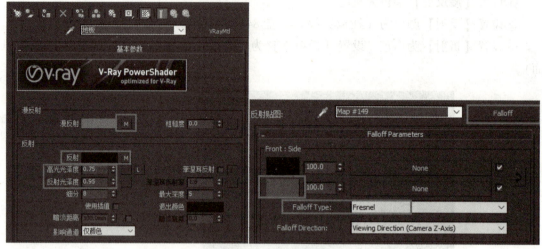

图 6.26 地板参数面板

①在【漫反射】中加载一张图片，然后在坐标栏下设置 U 为 10、V 为 2。

②在【反射】贴图通道加载一张"Falloff"【衰减】程序贴图、然后在【衰减参数】下设置【衰减类型】为 Fresnel，接着设置【侧】通道颜色为（红 100，绿 100，蓝 100），最后设置【高光光泽度】为 0.75、【反射光泽度】为 0.95。

③展开【贴图】栏，然后将【漫反射】中的贴图拖拽到【反射】上，接着在弹出的对话框中勾选"Copy"【复制】，凹凸设置为 30，如图 6.27 所示。

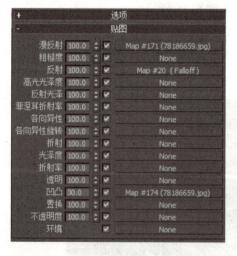

图 6.27 地板材质

（9）下面制作墙面（花纹）材质。选择一个空白材质球，然后设置材质类型 VRayMtl，将其命名为"花纹"，具体参数设置如图 6.28 所示。

①在【漫反射】中加载一张图片，然后在坐标栏下设置 U 为 10、V 为 2。

②在【反射】贴图通道加载一张"衰减"程序贴图，然后在【衰减参数】下设置【衰减类型】为 Fresnel，接着设置【侧】通道颜色为（红 100，绿 100，蓝 100），最后设置【高光光泽度】为 0.7、【反射光泽度】为 0.85。

图 6.28　墙面参数面板

③展开【贴图】栏，然后将【漫反射】中的贴图拖拽到【凹凸】上，接着在弹出的对话框中勾选【复制】或【实例】，凹凸值设置为 30。制作好的材质球效果如图 6.29 所示。

图 6.29　墙面材质

（10）窗纱材质。选择一个空白材质球，然后设置材质类型 VRayMtl，将其命名为"窗纱"，具体参数设置如图 6.30 所示。

①设置【漫反射】颜色为（红 198，绿 198，蓝 198）。

②设置【折射】颜色为灰色。

（11）下面制作窗外背景材质。选择一个空白材质球，然后设置材质类型 VRay 发光材质，将其命名为"背景"，具体参数设置及材质球如图 6.31 所示。

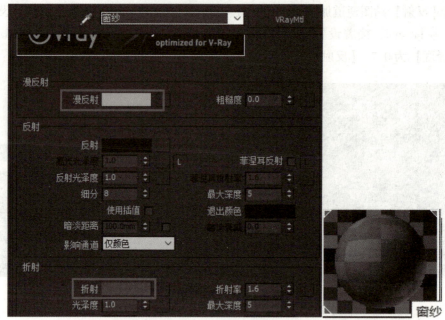

图 6.30　窗纱材质

图 6.31　背景材质

（12）将制作好的材质分别赋予场景中相应的模型，然后渲染当前场景，最终效果如图 6.32 所示。

图 6.32　材质效果图

6.3.2　场景的灯光与摄像机设置

（1）创建场景的主光源。使用"Target Directional Light"（目标平行光）来模拟太阳光，在顶视图中，从窗户的方向向室内拖动以创建一个"Target Directional Light"（目标平行光），到前视图调整光源高度并设置参数，如图 6.33 所示。

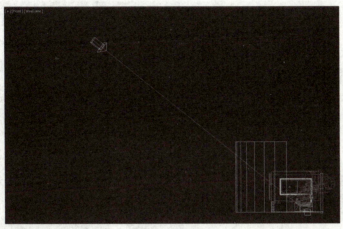

图 6.33　目标平行光

设置步骤：

①展开"General Parameters"【常规参数】栏，然后在"Shadows"【阴影】选项组下勾选"On"【启用】，接着设置阴影类型为"VRayShadow"【VRay 阴影】。

②展开"Intensity/Color/Attenuation"【强度/颜色/衰减】栏，然后设置"Multiplier"【倍增】为 1.0，颜色为浅黄色。

③展开"Directional Parameters"【聚光灯参数】栏，"Hotspot/Beam"【聚光区/光束】为 2 337 mm，"Falloff/Field"【衰减区/区域】为 3 352 mm，方式为矩形，如图 6.34 所示。

（2）为了让大的主光源能够进来，要进行物体排除。选择主光源，在【修改】面板中选择"Exciude"【排除】，排除"背景"，如图 6.35 所示。

（3）使用"VRay Light"【VRay 光源】的面光源来模拟来自室外的自然光。沿窗户创建与窗户大小相同的"VRay Light"【VRay 光源】，并调节灯光的参数，如图 6.36 所示。

①在【基本】选项组下设置【类型】为"平面"。

②在【亮度】选项组下设置【倍增器】为 8，颜色为浅蓝色。

图 6.34　目标平行光参数

③在【大小】选项组下设置【半长度】为 1 000 mm，【半宽度】为 850 mm。

④在【选项】选项组下勾选"不可见"，【细分】为 15，如图 6.37 所示。

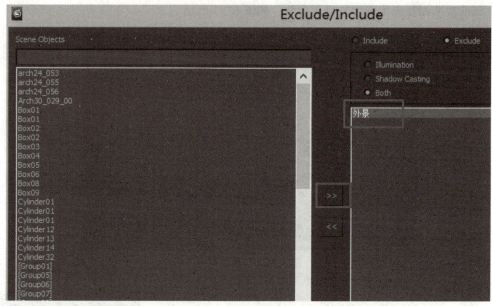

图 6.35   灯光的排除

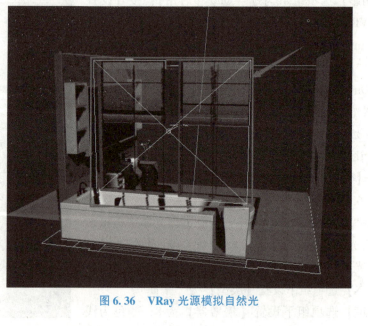

图 6.36   VRay 光源模拟自然光

（4）创建镜前灯带，切换到顶视图，沿着镜子上方的吊顶位置创建与之等长的 VRay 光源，调整高度并设置灯光参数，如图 6.38 所示。

设置步骤：

①在【基本】选项组下设置【类型】为"平面"；

②在【亮度】选项组下设置【倍增器】为 10，颜色为（红 255，绿 232，蓝 193）；

③在【大小】选项组下设置【半长度】为 1 262 mm，【半宽度】为 40 mm；

④在【选项】选项组下勾选【不可见】，【细分】为 15。

（5）为了能够让场景的整体亮度更均匀，同时也模拟卫生间吊顶上的灯光，在卫生间顶部通过"Target light"【目标灯光】创建了 4 盏光域网灯光，如图 6.39 所示。

图 6.37　VRay 光源

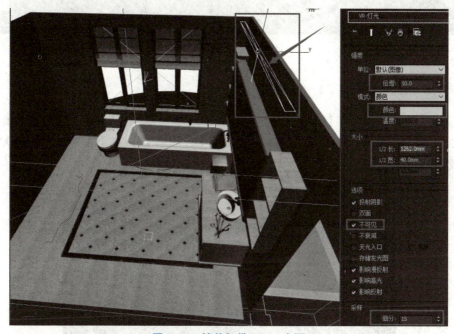

图 6.38　镜前灯带 VRay 光源

设置步骤：

①展开"General Parameters"【常规参数】栏，设置"Light Distribution"【光分布】为"Photometric Web"【光度学文件】，取消阴影。

②展开"Intensity/Color/Attenuation"【强度/颜色/衰减】栏，然后设置"Intensity"【强度】为 1 000，颜色为白色。

③展开"Photometric Web"【光度学文件】栏，选择光域网文件"22. IES"。

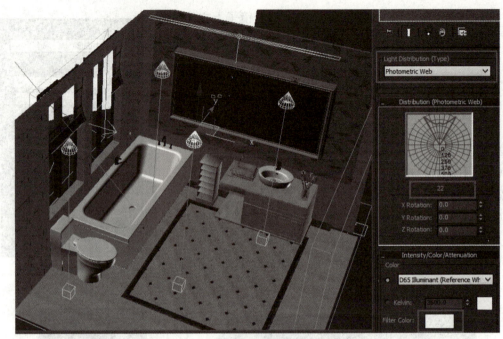

图 6.39　光域网灯光

6.3.3　场景的渲染器设置

（1）按【F10】键打开【渲染设置】对话框，设置渲染器为 VRay 渲染器，单击 "Common"【公用】选项卡，在 "Common Parameters"【公用参数】栏下渲染尺寸为 800×600，具体参数如图 6.40 所示。

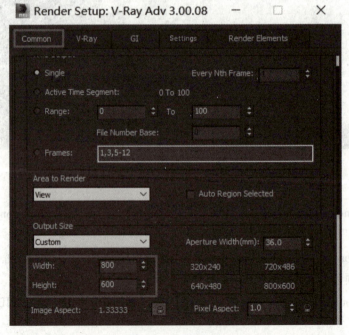

图 6.40　渲染尺寸

（2）单击【V-Ray】选项卡，然后在【图像采样器（抗锯齿）】栏下设置【图像采样器】的【类型】为"自适应细分"，开启【图像过滤器】设置过滤器为"Area"【区域】，具体参数设置如图 6.41 所示。

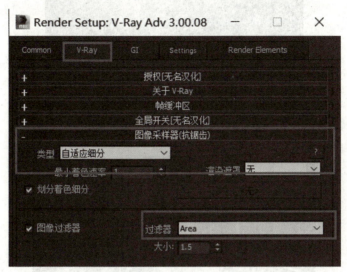

图 6.41　V-Ray 基项设置

（3）单击【GI】选项卡，然后在【全局照明】栏下勾【启用全局照明】选项，接着设置【首次引擎】的【全局光引擎】为"发光图"、【二次引擎】的【全局光引擎】为"灯光缓存"，如图 6.42 所示。

（4）展开【发光图】栏，设置【当前预设】为"高"；展开【灯光缓存】栏，设置【细分】为 1 000、【采样大小】为 0.02，具体参数如图 6.42 所示。

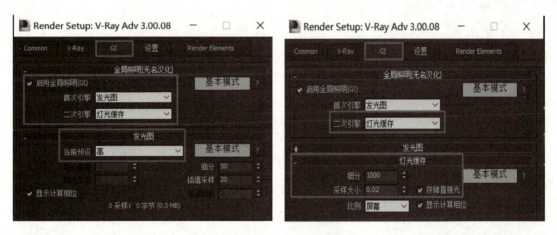

图 6.42　V-Ray 间接照明参数

（5）单击【V-Ray】选项卡，然后在【全局确定性蒙特卡洛】栏下设置【自适应数量】为 0.85、【噪波阈值】为 0.005，具体参数如图 6.43 所示。

（6）按【Shift】+【Q】键渲染当前场景，最终的效果如图 6.44 所示。

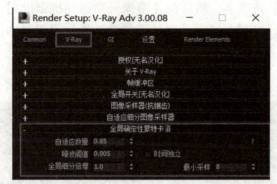

图 6.43　全局确定性蒙特卡洛参数

图 6.44　卫生间最终效果图

第 7 章

室内外场景的综合应用

　　本章主要通过室内外的大型综合项目来进一步巩固 **3ds Max** 的基础知识，严格按照企业真实项目的流程来实现：素材的采集与处理、模型的创建、贴图的实现、灯光与摄像机的实现、渲染出效果图。通过练习进一步了解和掌握完整流程，做到企业项目零对接，为学生今后从事相关的行业打下坚实的基础。

职业素养养成

　　通过室内外场景的综合应用学习，通过综合项目让学生进一步了解真实项目的制作流程及行规，提高学生综合制作的能力，培养学生良好的协作意识和沟通能力。通过大赛真题模拟练习，提升学生三维模型设计与制作技能及职业素养，同时提高学生职业规范、团队协作、组织管理、工作计划、团队风貌等方面的职业素养。

　　本章通过对三维场景的制作与解析，尤其是我国传统古建筑的三维建模与场景制作，让学生了解中国传统的古建筑历史和文化，培养学生精益求精的工匠精神和开拓创新的进取精神。学生在三维场景的制作与解析中，不断地去理解、认可和接受这些文化知识，从而更多地关注和热爱我国的文化产业，形成一种文化自信，愿意投入文化传承发展的事业当中来。

　　在教学中可以将往年的获奖作品给学生观看，从中吸取经验，这样也是锻炼学生思维的一种方式。另外多组织学生参加各类比赛如虚拟现实设计与制作（全国职业技能大赛）、三维建模大赛、计算机设计大赛等，以赛促教、以赛促学，以提升学生的专业水平，也能教学相长，在作品打磨中找到课程所缺失的知识，从而巩固所学。

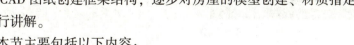

7.1　室内场景的综合应用

　　本节主要对室内的综合场景进行练习，将从最初 CAD 图纸的导入开始、利用 CAD 图纸创建框架结构，逐步对房屋的模型创建、材质指定以及灯光渲染进行讲解。

　　本节主要包括以下内容：

微信公众课堂

➤室内模型的创建（CAD 图纸的导入）；

➤室内材质的制作；

➤室内灯光与摄像机设置；

➤室内渲染器设置。

室内的最终效果如图 7.1 所示。

图 7.1　室内效果图

7.1.1　室内模型的创建（根据 CAD 图建模）

1. CAD 图纸的导入

（1）打开 3ds Max，将系统单位和显示单位统一为毫米，如图 7.2 所示。

（2）本案例中将使用现有的 CAD 图纸来创建室内框架模型。首先需要导入 CAD 图纸的平面图，执行"File"【文件】|"Import"【导入】命令，在素材文件夹中选择"平面图.dwg"文件，在弹出的（Auto CAD DWG/DXF 导入选项）面板中单击【确定】按钮即可，如图 7.3 所示。

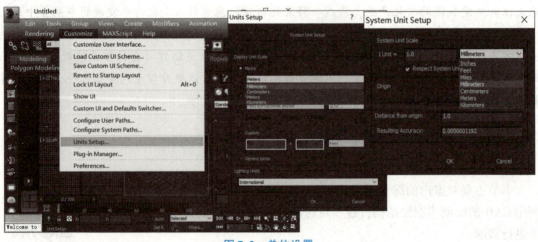

图 7.2　单位设置

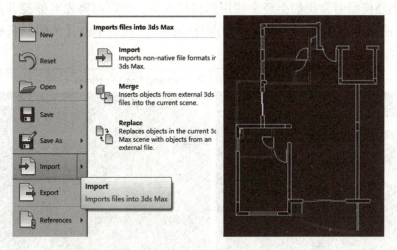

图 7.3　导入选项

（3）单击【G】键取消顶视图中栅格的显示。打开【图层】面板，将 CAD 图层冻结（Freeze Selection），然后创建一个新的图层，并命名为"模型"。按【Ctrl】+【A】全选 CAD 图，对其进行打组，并且命名为"CAD"。选中"CAD"组，调整其至世界坐标中心，然后稍往下移动，如图 7.4 所示坐标为（0，0，−100）。单击右键进入"Object Properties"【对象属性】|勾选"Freeze"【冻结】|取消勾选"Show Frozen in Gray"【以灰色显示冻结对象】，将 CAD 冻结，便于管理。

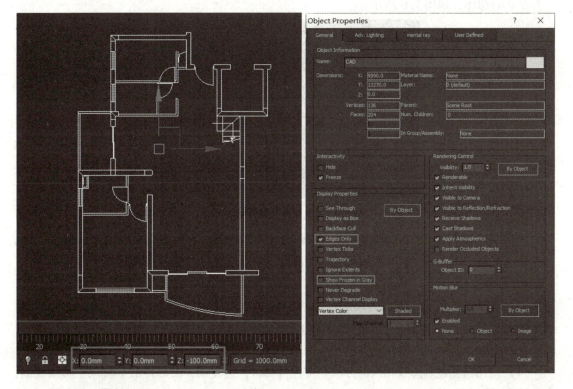

图 7.4　冻结

（4）在创建模型时，我们会经常使用到捕捉开关，所以需要先对捕捉开关进行设置，打开【网格与捕捉设置】面板，设置捕捉点与捕捉项，最后单击【关闭】按钮确定更改，如图7.5所示。

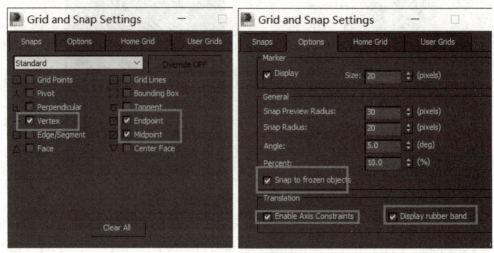

图7.5 捕捉设置

2. 房屋框架的创建

（1）打开二维创建面板，应用二维直线工具捕捉墙、门、窗的端点，绘制各个空间的封闭二维线，在关闭"Start New Shape"选项的情况下可以使绘制的多个二维封闭线条成为一个独立的物体，如图7.6所示。

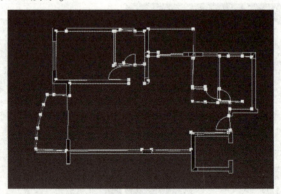

图7.6 室内墙描线

（2）将绘制好的"Line01"对象转换成可编辑多边形。在绘制好的二维线条上单击鼠标右键，选择"Convert To"|"Convert to Editable Poly"选项以将二维线条转换成多边形物体，如图7.7所示。

（3）将最底端的边线定义为踢脚线。切换到多边形的点级别下，按住【Shift】键同时沿 Z 轴向上复制，在 Z 轴文本框中输入 120 mm（即踢脚线的高度）后回车，以此定位室内踢脚线的高度，如图7.8所示。

（4）使用与创建踢脚线相同的方法。按住【Shift】键复制，然后再沿 Y 轴向上移动复制，在 Z 轴文本框中分别输入 900 mm、2 000 mm、2 500 mm、3 000 mm。复制效果如图7.9所示。

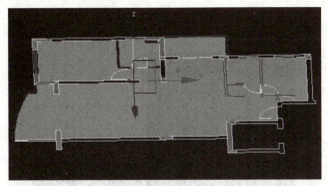

图7.7 转为多边形图

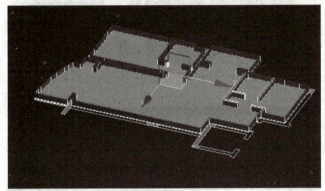

图7.8 踢脚线完成图

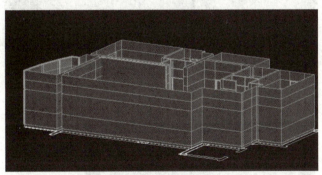

图7.9 模型框架图

（5）创建门，切换到【多边形】次物体级别，然后选择入户门这部分面，应用"Extrude"【挤出】工具得到入户门与入户门处墙的厚度，具体参数如图7.10所示。

（6）创建窗户，切换到"Front"（前视图），选择"Convert To"｜"Convert to Editable Poly"选项以转换成可编辑【多边形】物体，如图7.11所示。

（7）切换到【多边形】次物体级别，然后选择这部分面，右击选择"Inset"【插入】2.18 mm，如图7.12所示。

（8）切换到【多边形】次物体级别，然后选择这部分线，单击鼠标右键，选择"Con-nect"【连接】，数量为1。然后选择刚添加的线段，应用"Chamfer"【切角】命令，数量为2.0 mm，如图7.13所示。

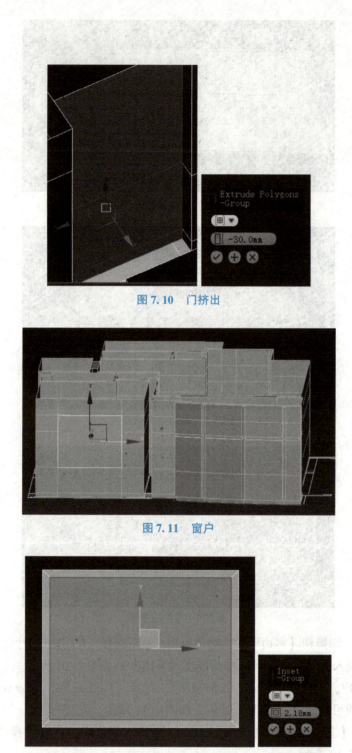

图 7.10　门挤出

图 7.11　窗户

图 7.12　插入

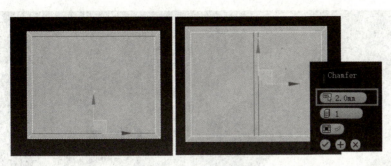

图 7.13　连接加切角

（9）切换到【多边形】次物体级别，然后选择这两个面，应用"Extrude"【挤出】工具，具体参数如图 7.14 所示。

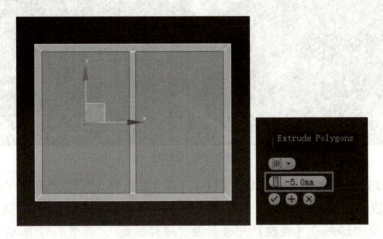

图 7.14　挤出

（10）用步骤（6）~（9）的方法创建出其他窗户，如图 7.15 所示。

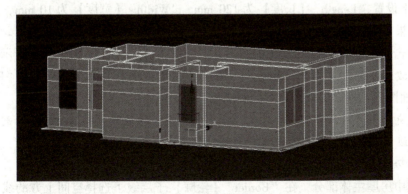

图 7.15　窗户完成图

3. 创建踢脚线

（1）选择踢脚线区域的所有面，按【Alt】键把不用的面减选掉，然后执行"Detach"【分离】命令并命名"踢脚线"，如图 7.16 所示。

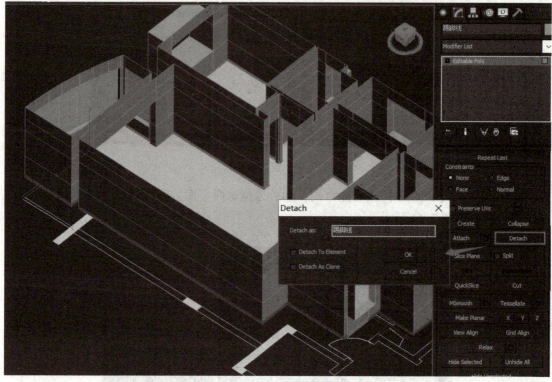

图 7.16　踢脚线

（2）选择踢脚线，按组合键【Alt】+【Q】【孤立显示】，然后选择线段子层级，选中最上面的一圈线段，执行"Create Shape From Selection"【根据所选内容创建图形】，在弹出的对话框中，选择"Linear"【线性】并命名为"踢脚线板"，如图 7.17 所示。创建出来的"踢脚线板"如图 7.18 所示。

（3）绘制踢脚板的剖面图形，单击"Rectangle"【矩形】作为参考，在"Parameters"【参数】栏下设置"Length"【长度】为 120 mm、"Width"【宽度】为 10 mm，具体参数设置及模型效果如图 7.19 所示。

（4）单击"line"【线】绘制剖面图形，调整线条的点，图形如图 7.20 所示。选中踢脚线板，在修改列表中为其添加"Bevel Profile"【倒角剖面】修改器，然后"Pick Profile"【拾取】剖面图形，拾取出来的造型如图 7.21 所示。

注：在使用倒角剖面修改器的时候，如果发现模型的边线方向不对，选择剖面图形，进入样条线层级，选择整条样条线镜像或者旋转，可以得到正确的形态。

4. 阳台及门窗

（1）选中房屋主体部分，在"Border"【轮廓】子层级下选择空间上方的线框，然后通过单击"Cap"【封盖】按钮将所有空间上方的顶封闭上，旋转视图可以看到封顶后的效果，如图 7.22 所示。

（2）创建门套。选择入户门，删除多余的线，进入"Edge"【边】次物体级别，选择边线执行"Chamfer"【切角】命令，"Edge Chamfer Amount"为 50，如图 7.23 所示。

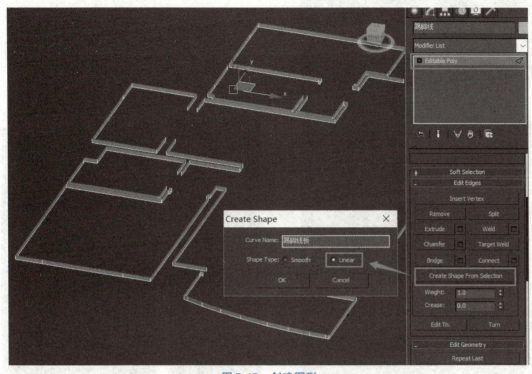

图 7.17　创建图形

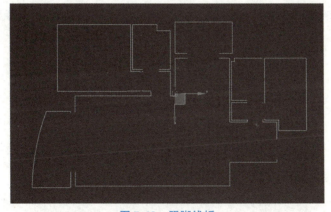

图 7.18　踢脚线板

（3）选择切角出的面，执行"Extrude"【挤出】命令，挤出 – 235 mm，如图 7.24 所示。

（4）删除贴合的面。选择墙体，进入其"Polygon"【多边形】次物体级别下，选择与入户门贴合的面，如图 7.25 所示。

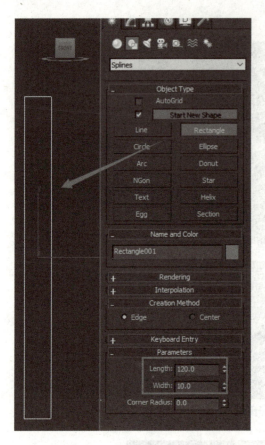

图 7.19　踢脚板矩形参数

图 7.20　剖面图形

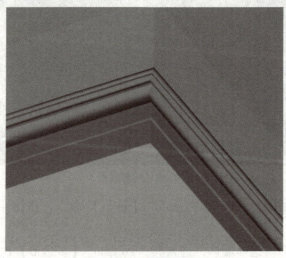

图 7.21　踢脚线造型

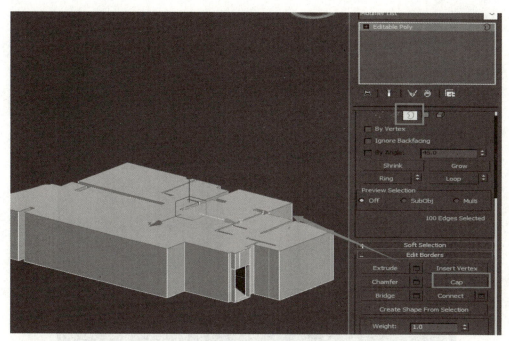

图 7.22　封顶

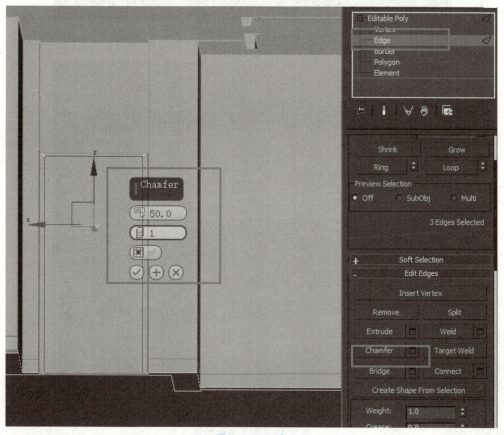

图 7.23　门套

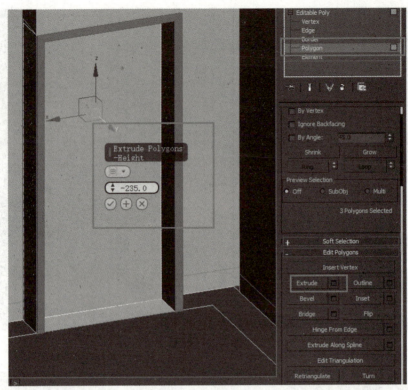

图 7.24　挤出门套

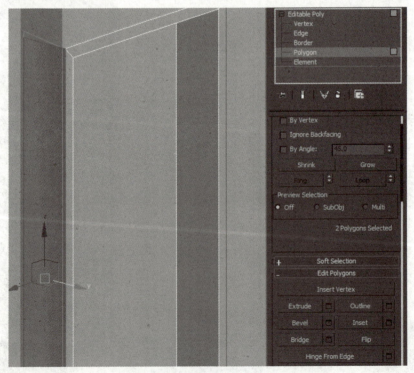

图 7.25　删除多余的线

（5）使用相同的方法制作出其他门框和窗框，如图 7.26 所示。

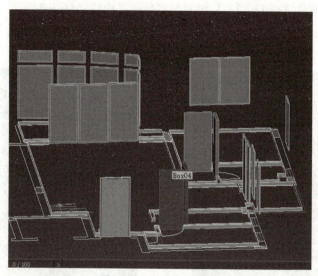

图 7.26　制作门框窗框

5. 制作吊顶

（1）按【T】键切换到顶视图，启动捕捉，使用矩形工具描客厅四周的墙体，画出矩形并命名为"吊顶"，作为客厅吊顶的外轮廓，如图 7.27 所示。选择上面的"吊顶"，右击鼠标，选择"Convert to Editable Spline"【转换为可编辑样条线】。

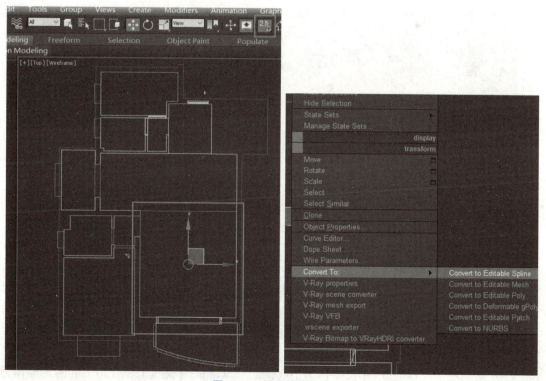

图 7.27　吊顶的外轮廓

（2）用"Line"【线】工具绘制线条并闭合，进入点层级，调整点的位置，退出点层级，如图 7.28 所示。再按住【Ctrl】+【V】键复制出另一条内线"Line02"，此条线型留着备用。

（3）在【修改】面板中，单击"Attach"【附加】，选中矩形和线条，退出"Attach"【附加】，如图 7.29 所示。

图 7.28　吊顶的内轮廓

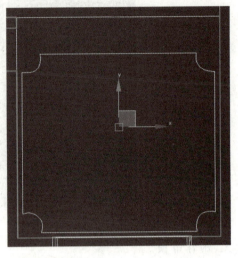

图 7.29　吊顶

（4）添加"Extrude"【挤出】修改器，设置"Amount"【数量】为 100 mm，如图 7.30 所示。然后删除看不见的面，进一步优化模型。

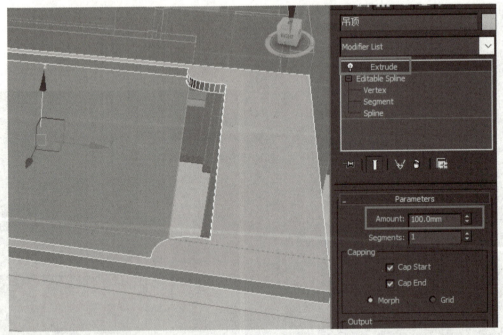

图 7.30　挤出

（5）绘制一个"Length"【长度】为 100 mm、"Width"【宽度】为 120 mm 的矩形作为参考，在"Create"【创建】面板中选中"Line"【线】工具，沿着刚才的矩形画出剖面图形，进入点层级，对形状进行调节，如图 7.31 所示。

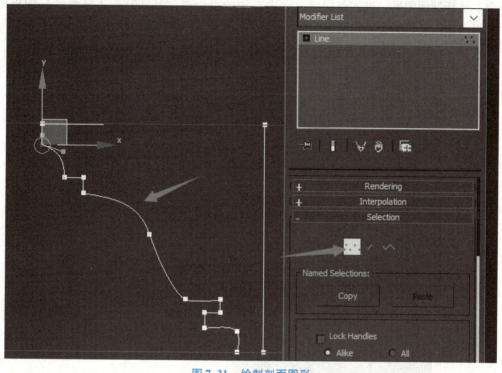

图 7.31　绘制剖面图形

（6）选中第（2）步中复制出来的"Line02"，作为路径，添加"Bevel Profile"【倒角剖面】修改器，在【修改】面板中单击"Pick Profile"【拾取剖面】，拾取第（5）步中绘制的剖面图形，如图 7.32 所示。

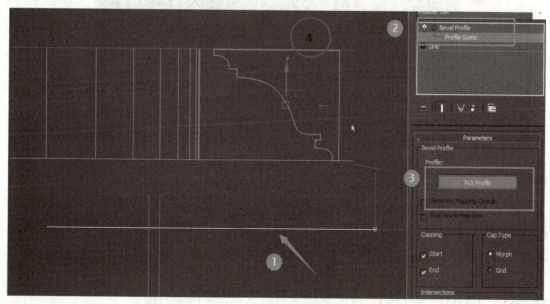

图 7.32　拾取剖面图形

（7）拾取之后的形状发现比原天花板大一圈，这时需要修改剖面图形的法线方向或起点方向。选择剖面图形，进入点层级，选中右边的点，在"Modifier"【修改器】面板中单击"Make First"【设为首顶点】，如图 7.33 所示。

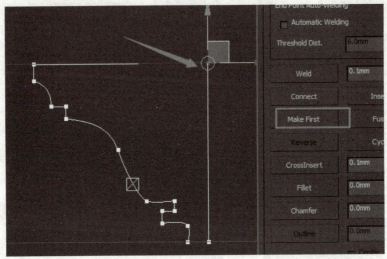

图 7.33　设置首顶点

（8）用相同的方法，在吊顶的外侧也做出一定造型，调整完之后的吊顶效果如图 7.34 所示。

图 7.34　吊顶造型

6. 电视背景墙

（1）创建电视背景墙，创建一个"Box"【长方体】，选择"Convert To"｜"Convert to Editable Poly"选项以将长方体转化成可编辑【多边形】物体。具体参数设置如图 7.35 所示。

（2）切换到【多边形】次物体线级别，然后选择左右两边的线段，单击鼠标右键，选择"Connect"【连接】，添加一条线段，如图 7.36 所示。

（3）再选择上一步添加的线段和最底部的线段，单击鼠标右键，选择"Connect"【连接】，再添加一条新的线段，如图 7.37 所示。

图 7.35　长方体

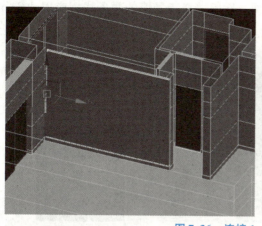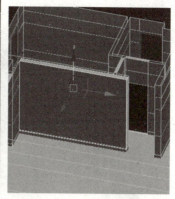

图 7.36　连接 1

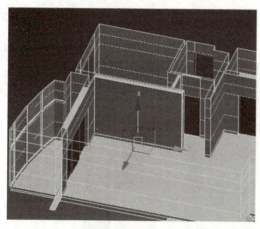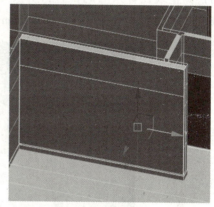

图 7.37　连接 2

（4）切换到【多边形】次物体级别，然后选择背景墙的面，应用"Extrude"【挤出】命令，挤出 −60 mm（向里挤出），如图 7.38 所示。

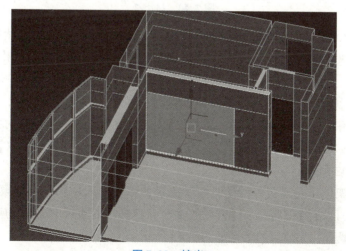

图 7.38　挤出 1

（5）切换到【多边形】次物体级别，然后选择背景墙的两条线，应用"Connect"【连线】命令，数量为 11，如图 7.39 所示。

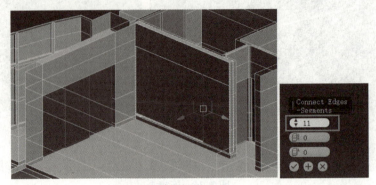

图 7.39　连接 3

（6）调整线在背景墙的位置，切换到【多边形】■面级别，选中如图所示的面应用"Extrude"【挤出】命令，向外挤出 40 mm，如图 7.40 所示。

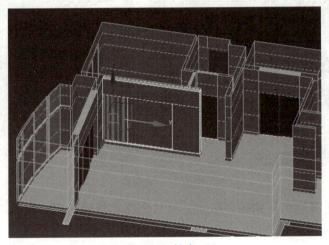

图 7.40　挤出 2

（7）应用"Connect"【连线】命令，连接出如图 7.41 所示的线。然后切换到【多边形】■面级别，选中图中的面，应用"Extrude"【挤出】命令，向里挤出 -50 mm，如图 7.41 所示。

（8）在场景中创建"Cylinder"【圆柱体】，放在如图 7.42 所示位置，用同样的方法在下面再创建两个圆柱。在标准面板中，选择"Compound Objects"【复合对象】，选择"Pro-Boolean"【超级布尔运算】，选择背景墙，单击"Start Picking"【开始拾取】，在场景中单击圆柱体，如图 7.42 所示。

（9）室内框架创建完成之后，我们可以在素材库中加入一些已有的模型来充实整个场景。执行"File"【文件】|"Merge"【合并】命令，在弹出的面板中选择相应的家具、装饰等小物件模型，场景合并完成后的效果如图 7.43 所示。

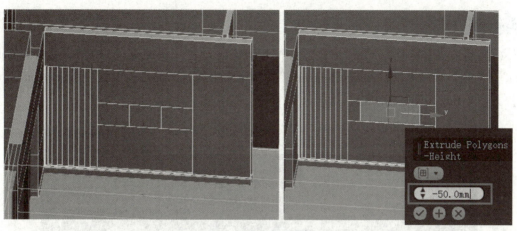

图 7.41 连接并挤出

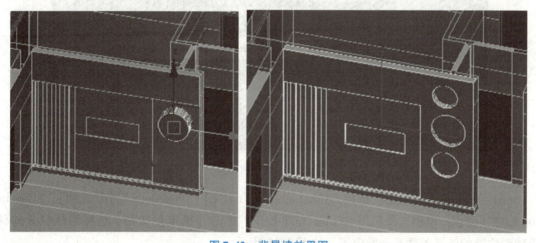

图 7.42 背景墙效果图

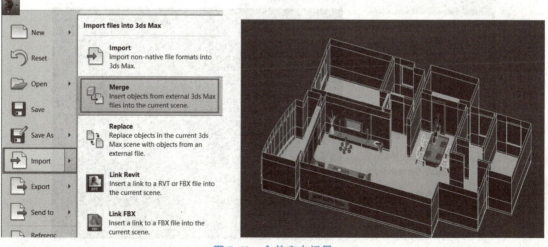

图 7.43 合并室内场景

7.1.2 室内材质的制作

（1）将渲染器更改为 VRay 渲染器。打开渲染器设置（快捷键【F10】），选择"Common"【公共】面板下的"Assign Renderer"【指定渲染器】子面板，设置"Production"【产品】为"V-Ray Adv 3.00.08"，如图 7.44 所示。

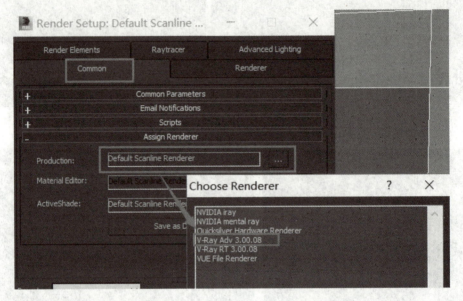

图 7.44　渲染器设置

（2）关闭 Gamma 校正，选择"Customize"【自定义】|"Preference"【首选项】|"Gamma and LUT"面板，取消选择启用 Gamma/LUT 校正，单击【确定】按钮，这样后期打开的材质球和渲染的效果图就不会发白了，如图 7.45 所示。

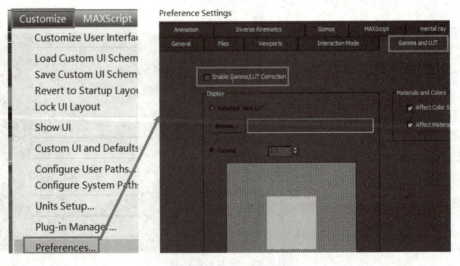

图 7.45　取消 Gamma/LUT 校正

（3）打开材质编辑器，将标准材质转换为"VRayMtl"【VRay 材质】，如图 7.46 所示。

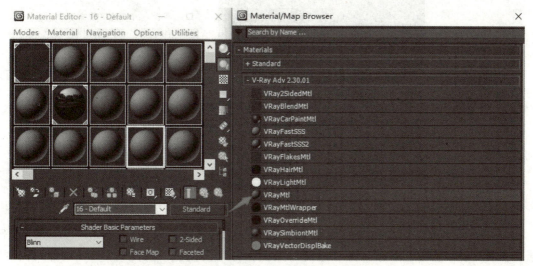

图 7.46　VRay 材质

（4）创建白色乳胶漆材质，选择一个空白的材质球作为"白色乳胶漆"，将其转换成"VRayMtl"【VRay 材质】，将"Diffuse"【漫反射】设置为接近白色的颜色 RGB 值为 245，设置微弱的反射 RGB 值为 17，将"高光光泽度"设置为 0.45，在【选项】面板中取消【跟踪反射】选项，如图 7.47 所示。将白色乳胶漆指定给场景当中的天花板、吊顶、石膏线、窗帘盒、装饰线等。

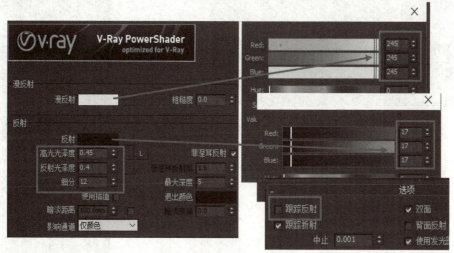

图 7.47　白色乳胶漆材质

（5）创建浅咖啡色乳胶漆材质，漫反射颜色 R、G、B 为 185、172、155。按住【Ctrl】+【I】组合键反选，将这种材质指定给墙面。

（6）创建硅藻泥材质，复制白色乳胶漆材质，漫反射通道添加硅藻泥贴图，图片的模糊度设置为 0.1，添加 UVW 贴图，长宽高设置为 800，复制到凹凸通道，凹凸设置为 50。应用到电视背景墙上，如图 7.48 所示。

图 7.48　硅藻泥材质

（7）地砖材质，选择一个空白材质球命名为"地砖"，将材质转换为"VRayMtl"材质，在漫反射颜色通道添加一张"地砖"贴图，将"模糊值"设定为 0.1，设置"白度"为 40 的反射，"高光光泽度"为 0.8，"反射光泽度"为 0.98，取消菲涅耳反射，选择地面，将材质指定给地面。在地面的修改器中添加"UVW Map"，将贴图 UV 方向的平铺值分别设置为 6 和 8，如图 7.49 所示。

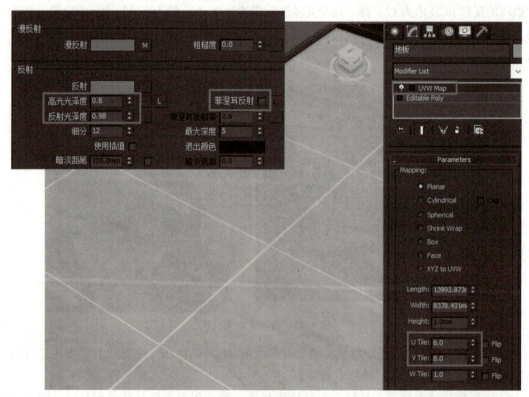

图 7.49　地砖材质

（8）设大理石材质。选择一个空白材质球命名为"大理石"，将材质转换为"VRayMtl"材质，在漫反射颜色通道添加一张"大理石"贴图，将"模糊值"设定为 0.1，设置反射颜色为40，设置"高光光泽度"为0.8，"反射光泽度"为0.98，取消菲涅耳反射，选择踢脚线，将材质指定给踢脚线，如图7.50所示。

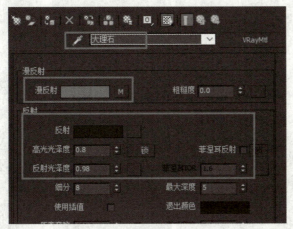

图7.50　大理石材质

（9）选择一个空白的材质球作为"玻璃推拉门"的材质，在VRay面板中设置其参数如图7.51所示，效果图如图7.52所示。

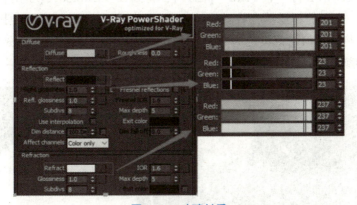

图7.51　玻璃材质

图7.52　玻璃效果图

（10）选择一个空白的材质球作为"入户门"的材质，在材质球中添加一张入户门的贴图，为贴图添加"UVW Map"调整其参数及平铺值，效果如图7.53所示。

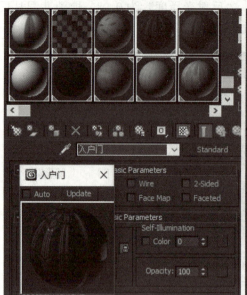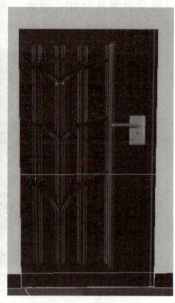

图 7.53　入户门效果

（11）在顶视图中绘制一个"Arc"【圆弧】，将圆弧"Extrude"【挤出】3 000 mm。

（12）选择一个空的材质球，将材质转化为 VRay 发光材质，添加一张"风景"贴图，返回上一层级，将颜色倍增值设定为"2"，将材质指定给风景板，在视图中显示。为了方便观察，可以将颜色设定为一种灰色，如图 7.54 所示。

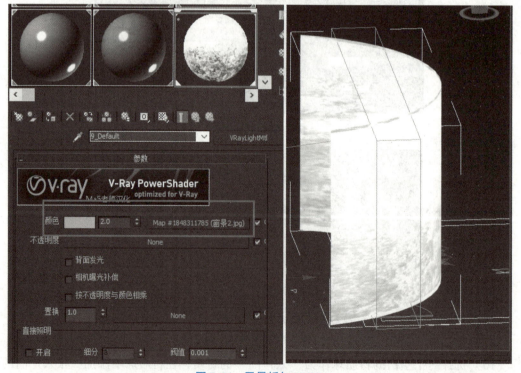

图 7.54　风景板加 UVW

（13）选择灯具，进入多边形层级，选择下面平面，把它分离出来确定，退出子层级，如图 7.55 所示。

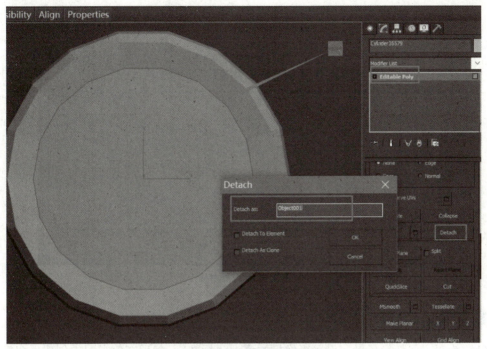

图 7.55　灯具分离

（14）选择空白材质球，命名为"灯具 1"，将材质转换为"VRayMtl"材质，设置漫反射颜色为 92、38、12，设置反射颜色为"125"，设置高光光泽度为 0.8，反射光泽度为 0.98，没被分离出来的灯罩，将材质指定给灯罩，如图 7.56 所示。

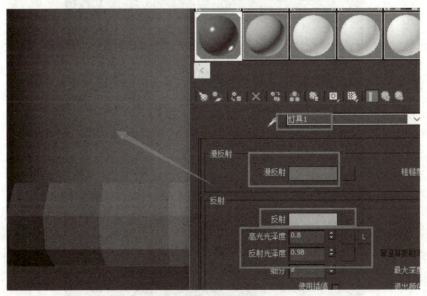

图 7.56　灯罩材质

（15）选择一个空白材质球，命名为"灯具 2"，将材质转换为"VRay 发光材质"，将颜色倍增值设定为"2"，将材质指定给分离出来的灯下部分，如图 7.57 所示。

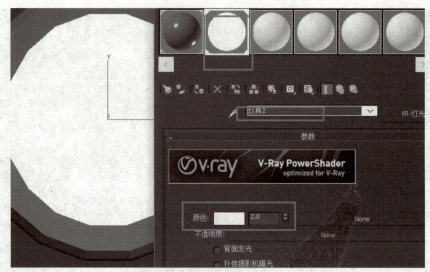

图 7.57　灯光材质

7.1.3　室内灯光与摄像机设置

（1）为了方便切换场景，设置摄像机类型为"标准"，然后在前视图中创建一台客厅目标相机，接着调整相机位置及目标点的方向，使摄像机查看更确切，如图 7.58 所示。

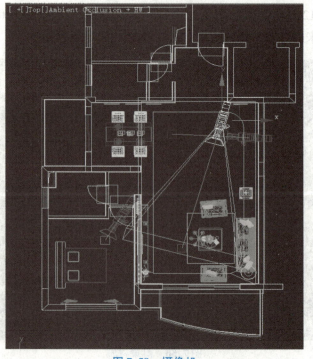

图 7.58　摄像机

（2）在厨房的位置创建一个目标相机，在透视图中按【C】键切换到摄影视图，按【P】键也可以回到透视图，如图 7.59 所示。

图 7.59　摄像机

（3）为了更清楚地看到室内，单击鼠标右键选择"Object properties"【对象属性】，勾选"Backface Cull"【背景忽略】，如图 7.60 所示。

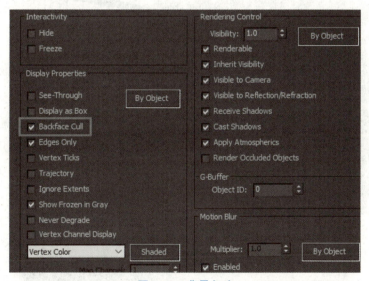

图 7.60　背景忽略

（4）在窗户外设置一盏 VRay 灯光，模拟天空光。倍增值为 10，根据场景的亮度进行调节。颜色 R、G、B 为 186、217、255，勾选"不可见"，取消勾选"影响反射"，如图 7.61 所示。

（5）创建射光。选中 IES 灯光，在左视图灯具的下方按住鼠标左键拖动，创建一盏 VRayIES 灯光，进入【修改】面板，添加 IES 文件，选择"20.ies"文件打开，将"功率值"设定为 50 000，如图 7.62 所示。

（6）将选择过滤器设定为灯光，场景当中只能选择灯光，在顶视图当中移动灯光到射灯灯具的位置，如图 7.63 所示。

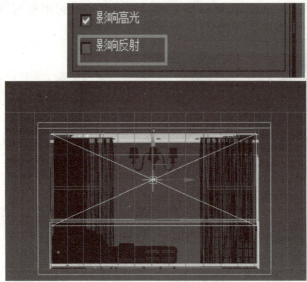

图 7.61　VRay 灯光

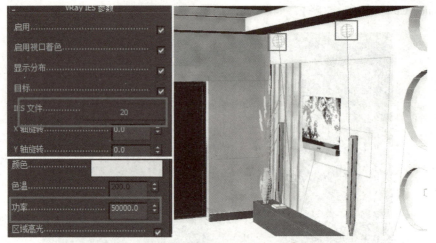

图 7.62　IES 文件

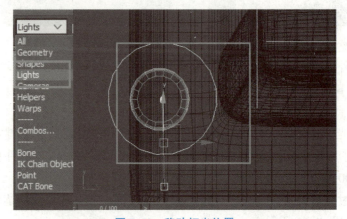

图 7.63　移动灯光位置

（7）在顶视图按住【Shift】键，使用【选择并移动】工具，实例复制"Instrue"【实例】出若干个灯光，复制个数和射灯模型的个数一致，放到射灯的正下方，利用光域网创建的射灯效果如图 7.64 所示。

图 7.64　射灯灯光效果

（8）创建吊顶周围的灯带，在场景顶视图中创建四盏"VRay Light"【VRay 灯光】，倍增值设置为【16】，颜色为【黄色】，勾选"不可见"，调整其位置，如图 7.65 所示。

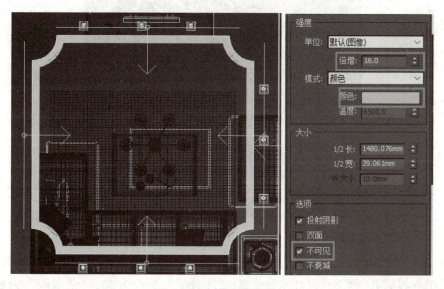

图 7.65　灯带位置及参数

（9）设置吊灯中的灯光。选择创建 VRay 灯光，在顶视图中创建 VRay 灯光，进入【修改】面板，类型选择为"球体"、灯光半径为"30"，调整灯光位置，调整灯光的颜色，设置灯光为"不可见"，取消影响反射，如图 7.66 所示。

（10）按住【Shift】键复制，类型改为实例，数量为1。过滤器选为灯光，【Ctrl】键加选另一个灯光，通过【选择并移动】工具，配合【Shift】键边旋转边复制，类型为"Instrue"【实例】，个数为2，然后调整好位置，如图7.67所示。

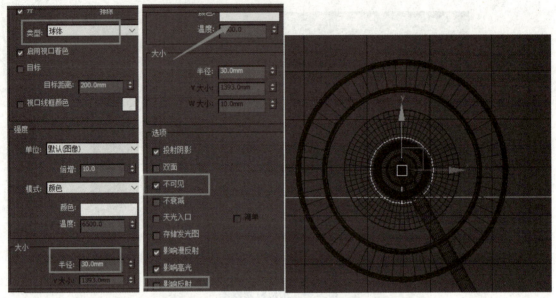

图 7.66 吊灯灯光

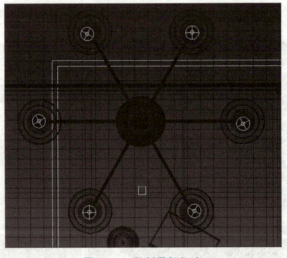

图 7.67 复制吊灯灯光

（11）制作台灯灯光。选择吊灯中任意一盏灯光边移动边复制，复制类型为"Copy"【复制】，副本数量1，调整台灯灯光的位置，"半径值"修改为50，"倍增值"为80，如图7.68所示。

7.1.4 室内渲染器设置

（1）按【F10】键打开"渲染设置"对话框，在菜单栏中选择"Render"【渲染】，单击"Render Setup"【渲染设置】，单击"Common"【公用】，在公用面板中，锁定"Image Aspect"【保持图片纵横比】，设置输出图像的"Width"【宽度】为 1 000 像素、"Height"【高度】为 750 像素，如图 7.69 所示。

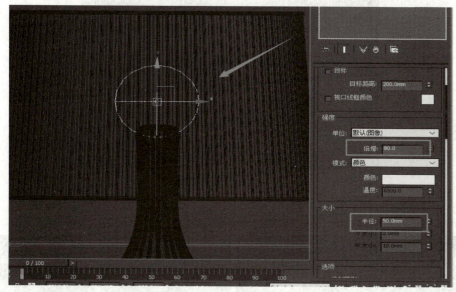

图 7.68　台灯灯光

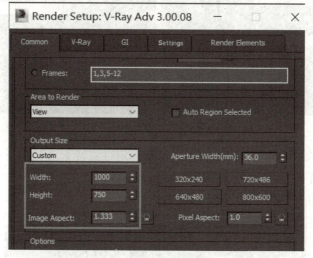

图 7.69　渲染尺寸

（2）单击【V-Ray】选项卡，然后在"图像采样器（抗锯齿）"栏下设置"图像采样器"的"类型"为"自适应细分"，开启"图像过滤器"设置过滤器为"Area"【区域】，具体参数设置如图 7.70 所示。

（3）进入【GI】面板，勾选"启用全局照明"选项，首次引擎选择"发光图"，二次引擎选择"灯光缓存"。

（4）展开"发光图"栏，设置"当前预设"为"高"；展开"灯光缓存"栏，设置"细分"为 1 000、"采样大小"为 0.02，具体参数如图 7.71 所示。

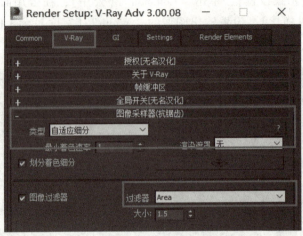

图 7.70　图像采样器

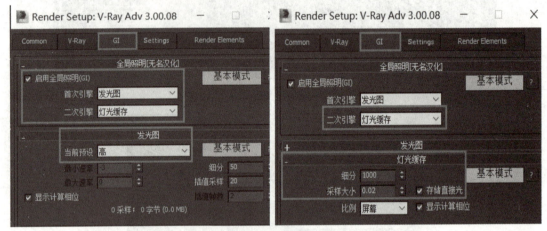

图 7.71　全局照明

（5）单击【V-Ray】选项卡，然后在"全局确定性蒙特卡洛"栏下设置"自适应数量"为 0.85、"噪波阈值"为 0.005，具体参数如图 7.72 所示。

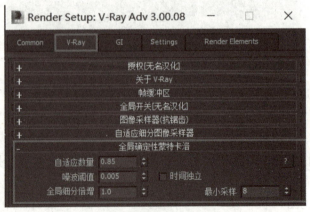

图 7.72　全局确定性蒙特卡洛

（6）按【Shift】+【Q】键渲染当前场景，客厅最终渲染效果如图 7.73 所示。

图 7.73　室内客厅渲染效果图

7.2　室外古代建筑的应用

生活中常常见到亭子、寺庙、楼台等古建筑，本节主要以典型的两层古建筑为例，讲解古建筑的制作方法，同时重点讲解古建筑的贴图表现（展UV）方法。

微信公众课堂

本节包括以下内容：

➢ 古代建筑模型的创建；

➢ 古代建筑材质的制作；

➢ 古代建筑灯光与摄像机设置；

➢ 古代建筑渲染器设置。

7.2.1　古代建筑模型的创建

古建筑最终完成的效果如图 7.74 所示。

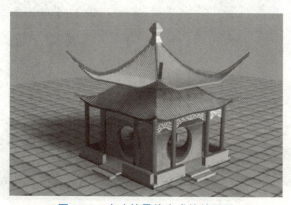

图 7.74　古建筑最终完成的效果图

首先打开 3ds Max 软件，将系统单位和显示单位统一为厘米，如图 7.75 所示。

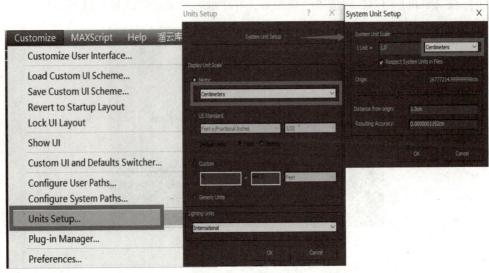

图 7.75　系统单位设置

1. 古建筑之凉亭的制作

凉亭主要是由飞檐、梁、柱、椽、雕梁画栋等结构组成，将使用多边形建模配合一系列创建。

首先做亭身

（1）下面制作主题模型：亭身。按【T】键切换到顶视图，在【创建】面板中单击 ▦（图形面板），接着单击"Rectangle"【长方形】，创建"Length"为 500 cm、"Width"为 500 cm、"Corner Radius"【圆角半径】为 0 的正方形，然后右击鼠标将图形转换成可编辑样条线【Convert to Editable Spline】，如图 7.76 所示。

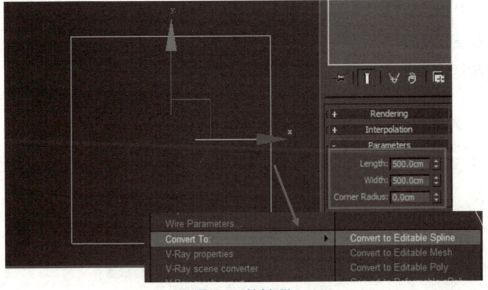

图 7.76　创建矩形

（2）切换到【修改】面板，进入■样条线子层级，接着选择整条样条线，展开几何体展栏，然后单击 Outline 【轮廓】按钮，输入 20 cm 进行廓边操作，如图 7.77 所示。

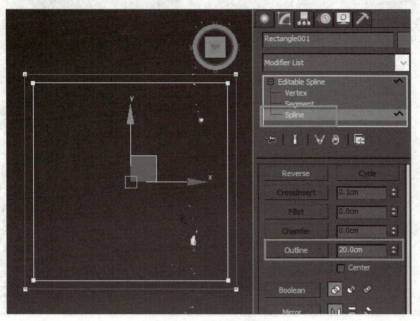

图 7.77　样条线廓边

（3）选中上一步的样条线，在修改列表中添加"Extrude"【挤出】修改器，挤出数量"Amount"为 400 cm，然后右击鼠标转化为"Editable Poly"【可编辑多边形】，如图 7.78 所示。

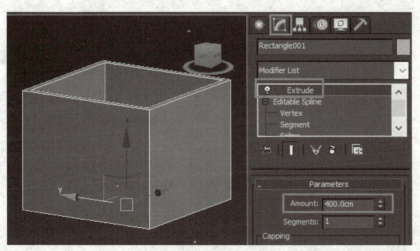

图 7.78　挤出

（4）在如图 7.79 所示的位置创建一个"Cylinder"【圆柱体】，设置其"Radius"【半径】为 130 cm、"Height"【高度】为 100 cm、"Height Segments"【分线段】为 1。

（5）选中亭身，使用"Compound Objects"【复合对象】"ProBoolean"【超级布尔运算】，设置运算选项为"Subtraction"【差集】运算，然后单击 Start Picking 【开始拾取】按钮，拾取圆柱，效果图如图 7.80 所示。拾取之后效果如图 7.81 所示。

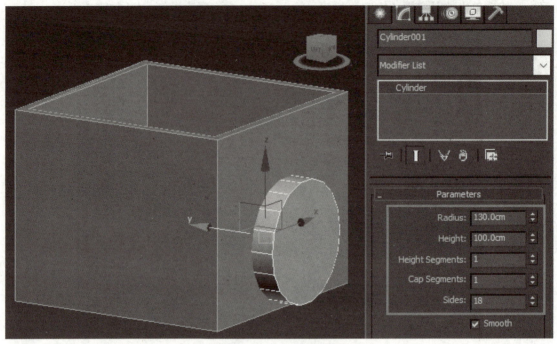

图 7.79　圆柱体

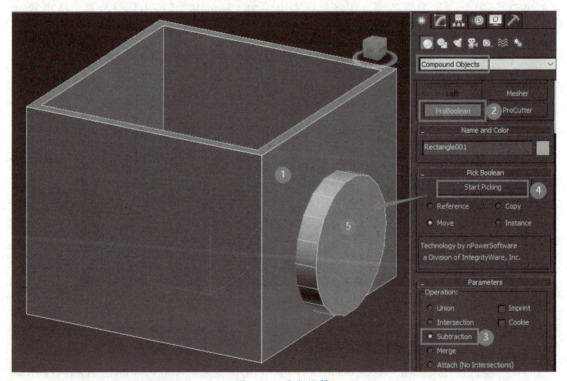

图 7.80　布尔运算

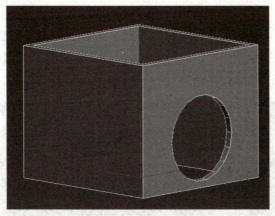

图 7.81　拾取后效果

（6）创建一个半径为 130 cm 的 "Tube"【管状体】，"Radius 1"【半径 1】为 123 cm、"Radius 2"【半径 2】为 130 cm、"Height"【高度】为 25 cm、"Sides"【步数】为 18。将做好的管状体放在亭身相应的位置，如图 7.82 所示。

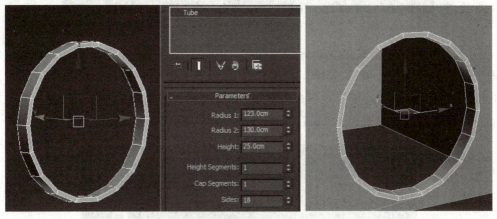

图 7.82　亭身一侧图

（7）用相同的方法将亭身的其他 3 个面也创建出来，效果图如图 7.83 所示。

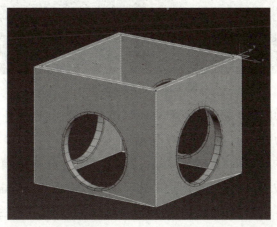

图 7.83　整个亭身效果图

2. 一层模型

一层是建筑中最复杂也是最具代表性的部分，下面将详细讲解这部分模型的创建方法。

（1）按【T】键切换到顶视图，选择"Rectangle"【矩形】按钮，创建一个矩形，尺寸为 500 cm×500 cm，如图 7.84 所示。

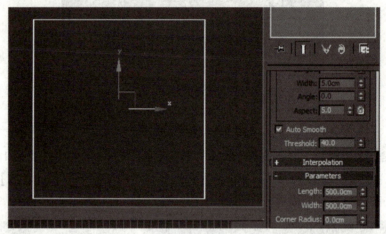

图 7.84　矩形

（2）选中矩形，转换成"Convert To Editable Poly"【可编辑多边形】命令，在多边形的"修改"面板下"Selection"【选择】栏下单击面■【多边形】按钮，选中模型的面，在"Edit Polygons"【编辑多边形】栏下单击 Inset 【插入】右侧的小黑框，弹出的"Inset Amount"【插入数量】设置为 125 cm，如图 7.85、图 7.86 所示。

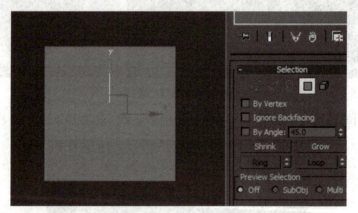

图 7.85　可编辑多边形

（3）在保持模型中间的面被选中的状态下，单击工具栏中的 ✛【移动】按钮，将绘图区下方的 Z 轴坐标设为 75 cm，如图 7.87 所示。

（4）按下键盘上的【Delete】键删除第（3）步操作中选中的模型的面，在模型的 ◁【边】层级下选中如图 7.88 所示模型斜边的边，在修改面板"Selection"【选择】栏下单击 Ring 【循环】按钮，选中四条边，在"Edit Edges"【编辑边】栏下单击 Connect 【连接】按钮右侧的小黑框，在弹出的对话框中将"Segments"【段】调整为 1，如图 7.88 所示。

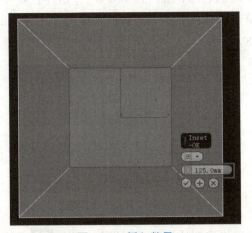

图 7.86 插入数量

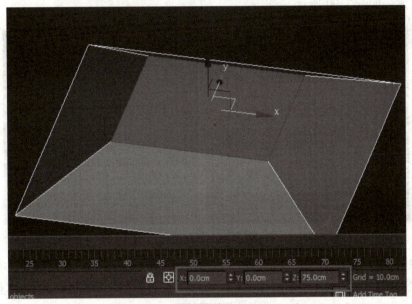

图 7.87 调整平面的高度

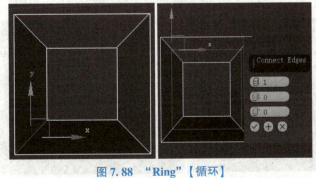

图 7.88 "Ring"【循环】

（5）保持上一步选中线的状态，在"Selection"【选择】栏中再次单击【循环】按钮，在【编辑边】栏下再次单击【连接】按钮右侧的小黑框，在弹出的对话框中将"Segments"【段】调整为 1，如图 7.89 所示。

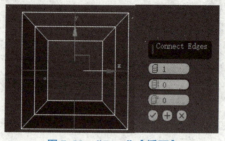

图 7.89　"Ring"【循环】

（6）在顶视图上依次选择模型外侧的四个角点，使用 【缩放工具】（快捷键【R】）向外等比放大，如图 7.90 所示。

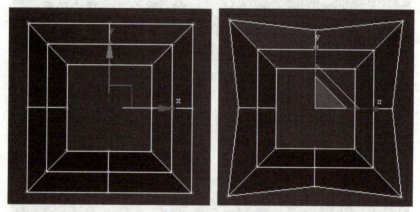

图 7.90　缩放角点

（7）在【多边形修改】面板下的"Edit Geometry"【编辑几何体】栏下单击"Cut"【切割】按钮，按【S】键开启捕捉，在如图所示的位置切出一条线，选中与其相邻的两条边，在"Edit Edges"【编辑边】栏下单击 Connect 【连线】按钮右侧的小黑框，在弹出的对话框中将"Segments"【段】调整为 2，连接两条边，如图 7.91 所示。

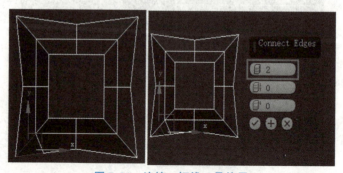

图 7.91　连接、切线工具使用

（8）切换到顶视图，调整点的位置，如图 7.92 所示。

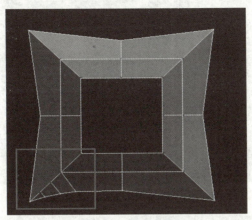

图 7.92　点的位置

（9）切换到前视图选中如图 7.81 所示模型的顶点，同时勾选【多边形的修改】面板下 "Soft Selection"【软选择】栏下的 "Use Soft Selection"【使用软选择】复选框。将 "Falloff"【衰减】设置为 125，使用移动工具 向上移动一段距离，然后将 "Falloff"【衰减】设置为 70，再次向上移动一段距离，最后将 "Falloff"【衰减】设置为 0，再次向上移动一段距离。此时，取消勾选 "Use Soft Selection"【使用软选择】复选框，效果如图 7.93 所示。

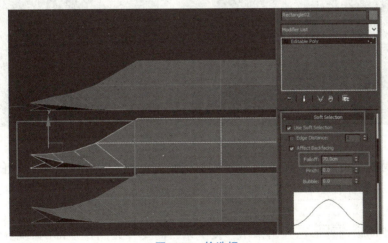

图 7.93　软选择

（10）在做对称模型的时候，只需要做出其对称的一个单元的模型，剩下的部分可以使用 "Symmetry"【对称】修改器完成。接下来给模型添加上 "Symmetry"【对称】修改器，单击 "Symmetry"【对称】修改器左边的小黑色加号 。此时在展开的列表下，单击修改器下的 "Mirror"【镜像轴】，开启 "角度捕捉工具" ，捕捉角度为 45°，配合旋转工具 ，顺时针方向绕 Z 轴旋转镜像轴 45°，如图 7.94 所示。

（11）选中模型，再次添加 "Symmetry"【对称】修改器，镜像轴选择 X 轴，并配合捕捉工具绕 Z 轴旋转镜像轴，观察模型的变化，完成模型的一半，如图 7.95 所示。

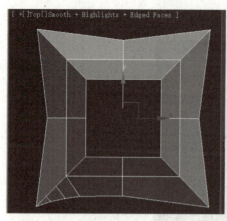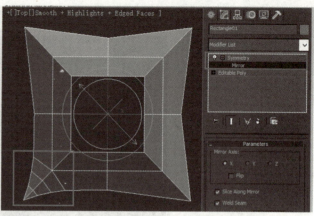

图 7.94　添加"Symmetry"修改器

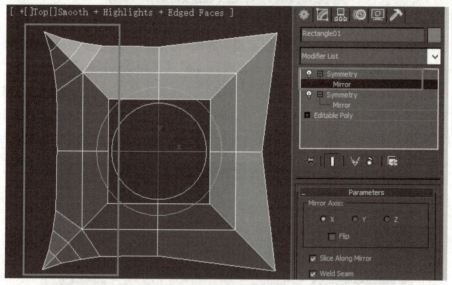

图 7.95　第二次对称

（12）保持模型被选中的状态下，第三次为其添加"Symmetry"【对称】修改器，镜像轴选择 X 轴，并配合捕捉工具绕 Z 轴旋转，观察模型的变化，使模型完全对称，如图 7.96 所示。

（13）初步的顶部外形已经出来了，接下来，需要补充制作顶部的其他部分。选中模型，执行右侧快捷菜单"Convert To"【转化成】|"Convert To Editable Poly"【转化成可编辑多边形】命令，激活前视图，在多边形的"Border"【边界】子层级下，选中模型的外侧的边界，使用移动工具，同时按住键盘上的【Shift】键向下拖动复制边界，拖动的距离大概为 4 cm，如图 7.97 所示。

（14）单击工具栏中的【等比例缩放】（快捷键【R】）按钮，在保持模型外边界被选中的状态下，同时按住键盘上的【Shift】键向下拖动复制边界，并且把复制出来的边界沿 Z 轴向上移动一段距离，这个距离以不伸出顶部表面为限，如图 7.98 所示。

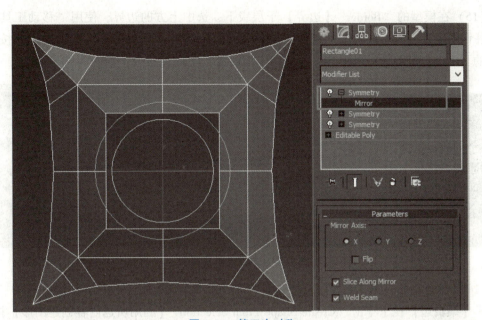

图 7.96 第三次对称

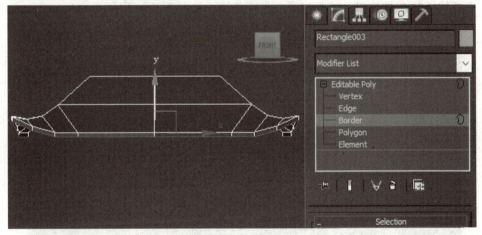

图 7.97 向下复制边

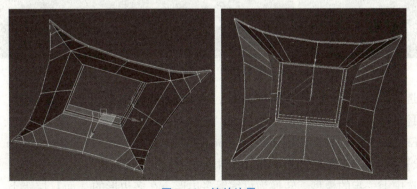

图 7.98 缩放边界

（15）在模型的"Border"【边界】子层级下，选中上方的边界，使用"移动工具"同时按住键盘上的【Shift】键向上复制一段距离，然后使用"缩放工具"向内并同时按住键盘上的【Shift】键缩放一段距离，再使用"缩放工具"向外放大，如图7.99所示。

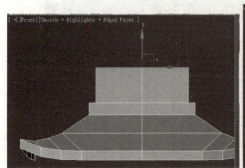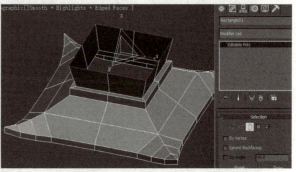

图7.99　缩放以及复制图

（16）在模型的【边】层级下选中如图7.100所示的边，在【修改】面板的"Edit Edges"【编辑边】栏下单击"Create Shape From Selection"【利用所选内容创建图形】按钮，在弹出的"Create Shape"【创建图形】对话框中的"Shape Type"【图形类型】里选择"Linear"【线性】单选按钮，就创建了一根样条线，如图7.100所示。

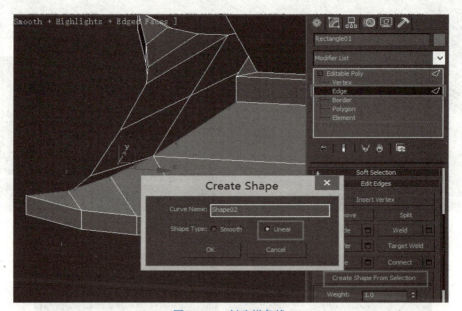

图7.100　创建样条线

（17）选择第（16）步创建的样条线，在修改列表中按【R】键添加"Renderable Spline"【可渲染样条线】修改器，然后在"Parameters"【参数】面板中勾选"Enable In Renderer、Enable In Viewport、Generate Mapping Coords"，类型选择"Rectangular"【矩形】，并设置【长】为18 cm、【宽】为9 cm，效果如图7.101所示。

（18）选中上一步的模型，转换为可编辑多边形，在多边形的【面】层级下，选中如图7.102所示的面，使用【移动】工具调整其位置。

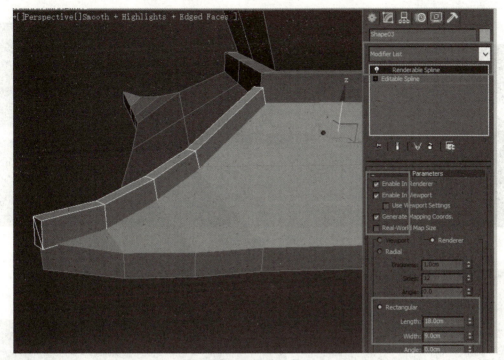

图 7.101　渲染样条线

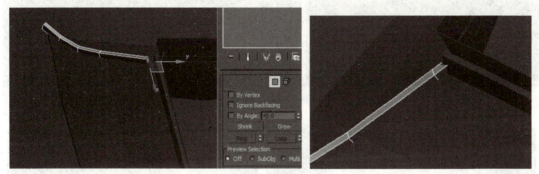

图 7.102　转化为可编辑多边形

（19）在多边形的【面】层级下选中模型如图 7.103 左图所示的面，执行两次【挤出】命令，挤出的高度为 25 cm。添加合适的线段，如图 7.103 所示。

（20）在多边形的 【顶点】层级下，依次选中模型外侧下方的顶点，单击 "Target Weld"【目标焊接】按钮，焊接到上方相对应的顶点。然后向上移动中间的顶点，如图 7.104 所示。

（21）切换到顶视图，设置模型的轴心为一层矩形的中心，开启【角度捕捉】 工具，捕捉角度为 45°，配合【旋转】 工具，按住【Shift】键进行旋转复制，选择实例复制 3 个，效果如图 7.105 所示。

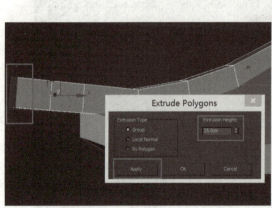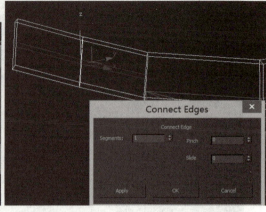

图 7.103　加线

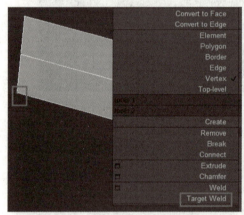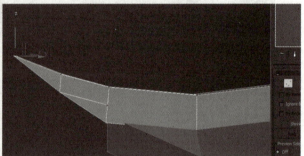

图 7.104　焊接

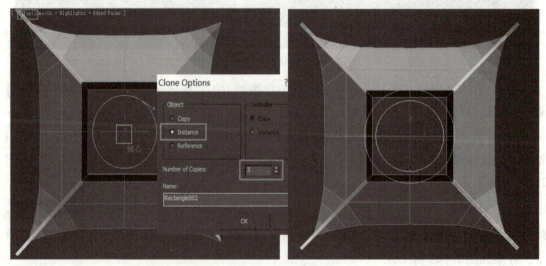

图 7.105　旋转复制

（22）这样，一层的模型就完成了，效果如图 7.106 所示。

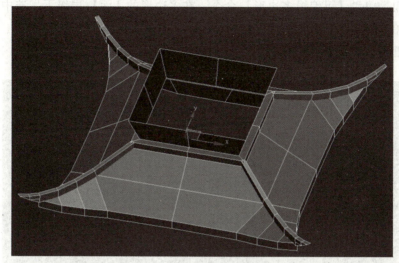

图 7.106　古建筑一层模型

3. 二层模型

此二层模型和一层模型创建方法一样（简模，后期通过贴图来实现），把一层模型复制上来，保留相同的部分，把上面不同的部分删除，然后绽放，创建上面的部分，这里就不再一一讲解了。

下面介绍另一种精模的实现方法，可以选做。

（1）将二层做成一个精模，创建椽，切换到【创建】面板中单击 ，然后设置图形类型 Standard Primitives【标准几何体】，单击 Cylinder【圆柱体】，切换到前视图，设"Radius"为 9.5 cm、"Height"为 511 cm、"Height Segments"为 5、"Sides"为 10，创建好这个图形后单击 【旋转】按钮，具体参数效果如图 7.107 所示。

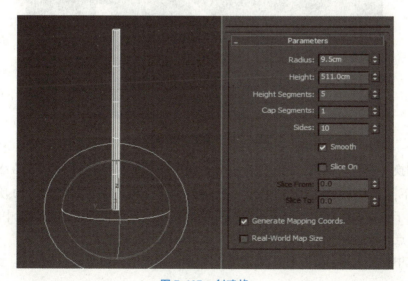

图 7.107　创建椽

（2）保持选中上一步的状态，执行右键快捷键菜单中的"Convert To"【转换成】|"Convert To Editable Poly"【可编辑多边形】命令。在多边形的【面】层级下，选中面（圆柱的"Sides"为 10，圆柱上下两个面删除后，再删除圆柱的一半面也就是 5 Sides），按键盘上的【Delete】键删除，如图 7.108 所示。

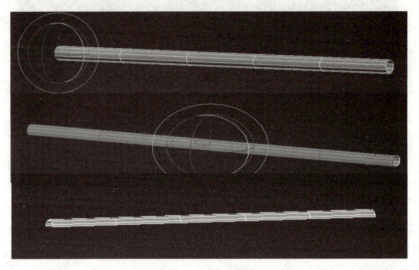

图 7.108　除半面图

（3）在多边形的 【顶点】层级下，选中如图 7.107 所示的点层级，使用【移动】工具调整顶点的位置，调整效果如图 7.109 所示。

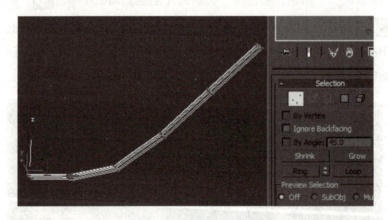

图 7.109　调整点的位置

（4）切换【修改】面板，选中这个模型，使用 Cut 【切割】工具，在多边形的 【面】层级下，选中切割后的面按【Delete】键删除，具体位置效果如图 7.110 所示。

（5）由于上一步椽做得太过于尖锐，可以把尖的地方做得圆滑一些，选中模型，在多边形的【顶点】层级下，沿着 Y 轴向下拉一小段距离，效果如图 7.111 所示。

（6）选中椽，分别向椽左右复制 20 个，切换到顶视图，如图 7.112 所示。

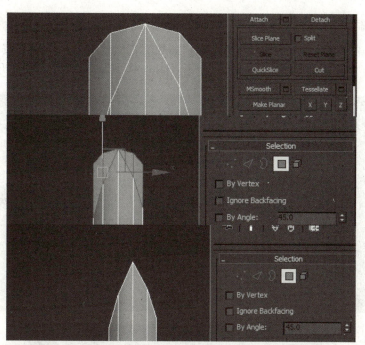

图 7.110　切割

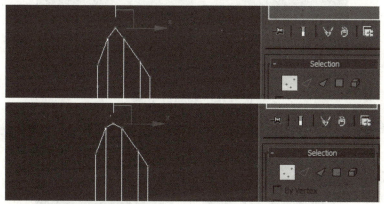

图 7.111　椭圆滑

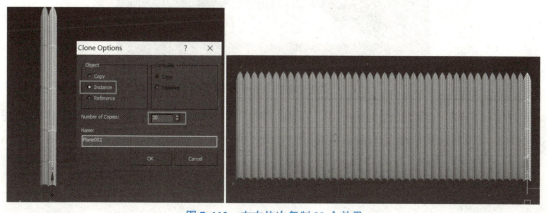

图 7.112　左右依次复制 20 个效果

（7）把复制好的椽附加在一起，在【修改】面板找到 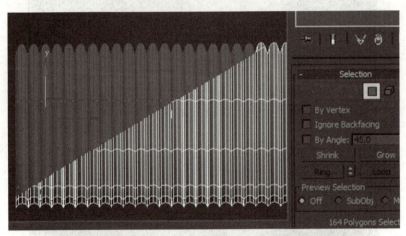（省略）【射线】，和使用"Cut"【切割】的用法一样，切换到【修改】面板后选中切好之后的面，按【Delete】键删除，效果如图 7.113 所示（复制好之后一共有 41 根椽，先做好一边，另一边做法相同）。

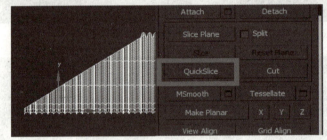

图 7.113　【射线】工具

（8）调整好点之后，效果如图 7.114 所示。

图 7.114　二层部分椽

（9）二层的一个面已经创建完成，镜像旋转，再"Attach"【附加】，最后选择每个拐角的点，同时勾选多边形【修改】面板下"Soft Selection"【软选择】栏下的"Use Soft Selection"【使用软选择】复选框。将"Falloff"【衰减】设置为 340，使用【移动】工具向上移动一段距离，如图 7.115 所示。

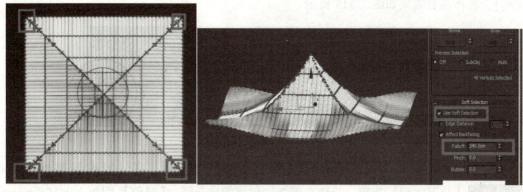

图 7.115　二层椽

（10）切换到前视图，我们用线段先描出两个椽的接口做出檐。切换到【创建】面板中单击 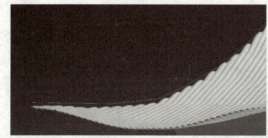，然后设置图形类型为 Splines 【样条线】，单击 线 【线】，切换到前视图，我们用线段先描出两个椽的接口，调点做出檐，在修改列表中按【R】键添加 "Renderable Spline"【可渲染样条线】修改器，在 "Parameters"【参数】面板中勾选 "Rectangular"【矩形】，并设置 "长" 为 18 cm、"宽" 为 14 cm，效果如图 7.116 所示。

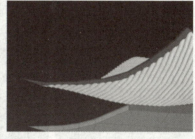

图 7.116　渲染样条线

（11）切换到顶视图，开启 【角度捕捉】工具，捕捉角度为 45°，配合 【旋转】工具，按住【Shift】键进行旋转复制，选择实例复制 3 个，效果如图 7.117 所示。

图 7.117　旋转实例复制

（12）二层最上面葫芦的样子，切换到【创建】面板中单击 ，设置图形类型为 Splines 【样条线】，接着单击 线 【线】创建一条样条线，再创建 "Rectangle"

【矩形】，具体参数效果如图 7.118 所示。

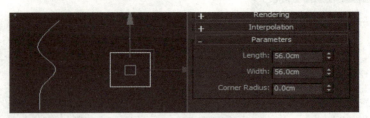

图 7.118　创建样条线

（13）给矩形添加"Bevel Profile"【倒角剖面】修改器，在【修改】面板下单击 Pick Profile 【拾取剖面】按钮，拾取在前视图创建的样条线，【修改】面板下的"Capping"【封口】选项中只能勾选"End"【末端】选项，如图 7.119 所示。

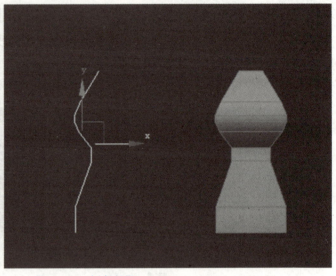

图 7.119　倒角剖面

（14）切换到【修改】面板，将上一步做好的"葫芦"放在二层椽上面，具体位置如图 7.120 所示。

图 7.120　二层效果

4. 底座和亭柱部分

（1）接下来，制作亭子的底座。在顶视图创建一个"Box"【正方体】，长为 800 cm、宽为 800 cm、高为 70 cm，如图 7.121 所示。

图 7.121　底座

（2）切换到顶视图，在【创建】面板中单击 ，然后设置图形类型为 "Splines"【样条线】，接着单击 "Line"【线】，长度是底座长度的 1/3，如图 7.122 所示。

（3）保持样条线被选中的状态，复制旋转 90°，调整合适位置，如图 7.123 所示。

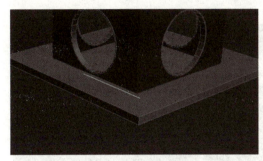

图 7.122　样条线

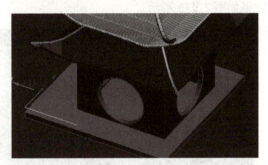

图 7.123　复制旋转样条线

（4）切换到面板，选中线，右击鼠标转化为样条线级别，然后在【选择】展栏下单击【样条线】按钮 ，进入样条线级别，接着选择整条样条线，展开几何体展栏，然后在【选择】展栏下单击【轮廓】按钮 Outline 30 cm 或按【Enter】键进行廓边操作，如图 7.124 所示（选择点级别，选中两条线的交叉点，在【修改】面板下找到 "Weld"【焊接】，这样两条线就成一条线了）。

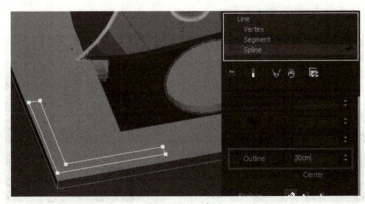

图 7.124　廓边

（5）保持样条线被选中的状态，右击鼠标转化为【可编辑多边形】，选中面级别，"Extrude"【挤出】60 cm，具体效果如图 7.125 所示。

图 7.125　挤出

（6）接下来选上一步创建好的护栏，开启角度捕捉并设置为45°，旋转实例复制3个，效果如图 7.126 所示。

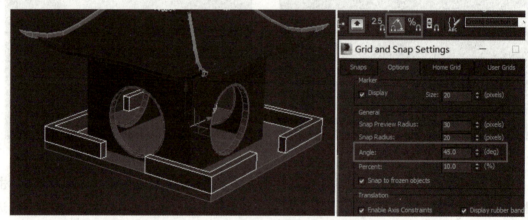

图 7.126　旋转复制

（7）接下来做亭子四周的柱子：切换到【创建】面板中单击，然后设置图形类型为"Splines"【样条线】，接着单击 Circle 【圆形】，创建高为 405 cm、半径为 16 cm、步数为 8 的圆形，具体参数如图 7.127 所示。

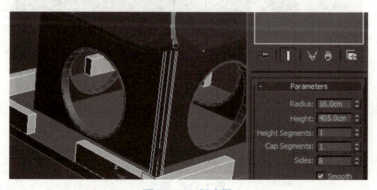

图 7.127　创建圆

（8）选中上一步创建好的亭柱，旋转实例复制，调整适当位置，最终效果如图7.128所示。

图7.128　旋转复制柱子

（9）做亭柱四周的雕梁，选中亭柱、亭身，切换到前视图，在【创建】面板中单击 ⊙ ，单击"Plane"【面片】，长为145 cm、宽为75 cm，其他三片通过镜像做成，具体位置效果如图7.129所示（这步可以省略、选做，不过做了后，古建筑整体模型比较美观）。

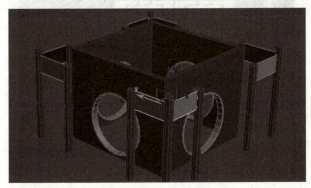

图7.129　四周雕梁

（10）用上一步同样的方法创建镂空面片，如图7.130所示。

（11）古建筑模型最终完成的效果如图7.131所示。

图7.130　创建镂空面片

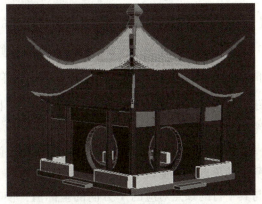

图7.131　古建筑模型最终效果图

7.2.2 古代建筑材质贴图的实现

古建筑的模型部分已经完成，接下来需要给模型贴图。如图 7.132 所示，是处理好的一张 PNG 格式透明贴图图片。

古建筑的贴图可以分为：不规则类型贴图和规则类型贴图两类。其中楼顶部分的模型属于不规则贴图，需要通过调整局部形状和位置去贴图，而台明、柱子等属于规则贴图，只需要整体调整其形状和位置。

注：部分模型外形不规则，但是贴图方式规则，可以归类到规则模型贴图里，如图 7.132 所示。

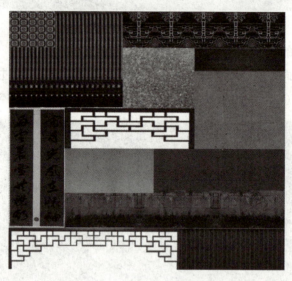

图 7.132 透明贴图

（1）首先，给古代建筑的一层顶部贴图，此部分的模型是对称的，只需要贴其中的八分之一，其余使用对称工具即可。选中一层顶部模型，把贴图赋予模型。给模型添加一个 "Unwrap UVW"【UVW 展开】修改器，在 "Edit UVWs"【编辑 UVW】面板下单击 【打开 UV 编辑器】，取消 【背面忽略】的选择，如图 7.133 所示。

（2）在 "Unwrap UVW"【展开 UVW】修改器的 "Polygon"【多边形】层级下，在【编辑 UVW】窗口里选中模型如图所示的面，单击【修改】面板下的 【快速平面贴图】按钮。单击 "Edit UVWs"【编辑 UVW】窗口下的 【过滤选定面】按钮，使其呈 状，如图 7.134 所示。

（3）在 "Unwrap UVW"【展开 UVW】修改器的 "Vertex"【顶点】层级下，选中如图所示的顶点，在窗口下方的状态栏里复制其 V 方向对应的坐标值。把此坐标值粘贴给另外与其平行的顶点对应的 V 方向的坐标值，使其分布在一个水平线上。使用同样的方法使下方的顶点分布到一个水平线上，然后把其位置放置到贴图对应的位置上，如图 7.135 所示。

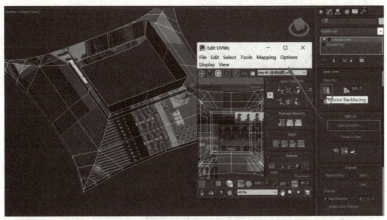

图 7. 133　展开 UVW

图 7. 134　快速展平

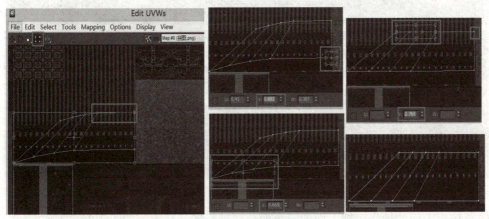

图 7. 135　顶点调型

（4）这一部分的面完成贴图后的效果如图 7.136 所示。

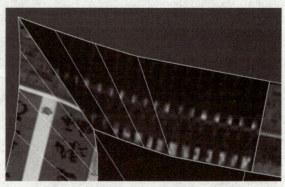

图 7.136　部分贴图

（5）在"Unwrap UVW"【展开 UVW】修改器的"Polygon"【多边形】层级下选中模型如图 7.137 所示面，打断选中的面并过滤显示在"Edit UVWs"【编辑 UVW】窗口里，单击【修改】面板下的 ![快速平面贴图按钮]【快速平面贴图】按钮，使所选的面快速展平。参照上一个步骤的方法，调整顶点，然后放置到贴图对应的位置上，如图 7.137 所示。

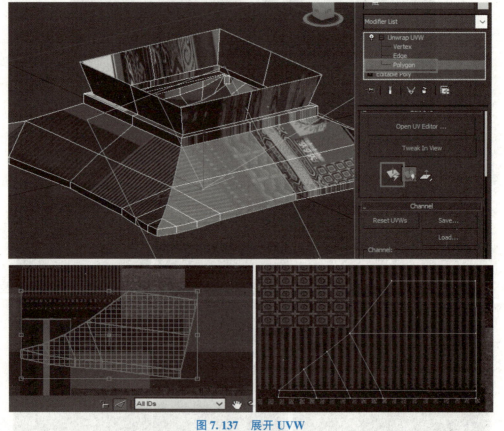

图 7.137　展开 UVW

（6）依照上面的操作，把上面的三个面分别进行展开贴图，如图 7.138 所示。

图 7.138　展开贴图

（7）选中模型如图 7.139 所示的面，在【编辑 UVW】窗口右击，在弹出菜单里，单击"Break"【打断】选项。在工具栏单击 ![icon]【快速剥离】，将剥好的放在贴图的梁部分。其效果如图 7.139 所示。

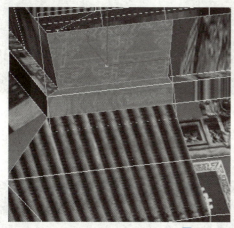
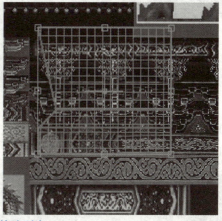

图 7.139　快速剥离

（8）此时，模型的八分之一部分贴图已经完成。可以参照创建模型的过程，给模型添加三个"Symmetry"【对称】修改器，单击"Mirror"【镜像】，按【E】键切换到旋转工具，打开【角度捕捉】顺时针旋转 45°，最终使其达到完全对称的效果，如图 7.140 所示。

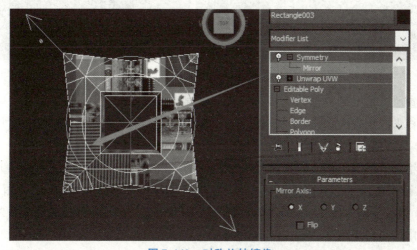

图 7.140　对称旋转镜像

（9）接着我们再次添加"Symmetry"【对称】，和步骤（8）相同的操作，镜像旋转三次后我们得到的效果如图7.141 所示。

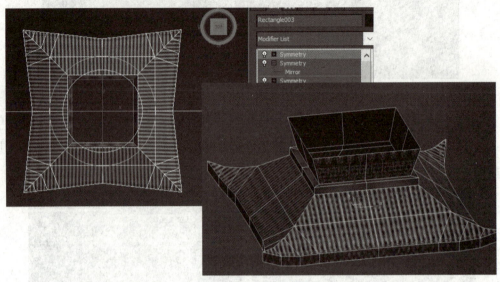

图 7.141　一层完成图

（10）亭身和一层步骤完全一致，只需贴好一面墙，其余对称镜像即可，亭身完成效果如图 7.142 所示。

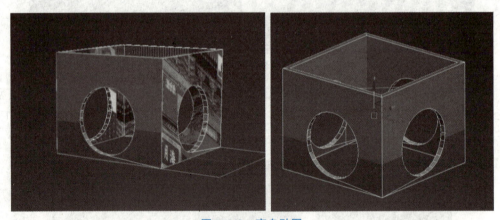

图 7.142　亭身贴图

（11）参照以上贴图方法，完成整个古建筑的贴图，选中模型之中的一个模型，单击【修改】面板下的 Attach 【附加】按钮，选择使用相同材质贴图的模型，使其附加到一个模型上。

（12）给场景创建一个长和宽各为 1 100 cm 的"Plane"【平面】作地面来表现楼阁在地面的投影。赋予平面一张地面的贴图，给其添加"UVW Mapping"【UVW 贴图】修改器，在【修改】面板下将"U Tile"【U 向平铺】和"V Tile"【V 向平铺】都设置为30。最后完成的效果如图 7.143 所示。

图 7.143　古建筑贴图

7.2.3　古代建筑灯光与摄像机设置

（1）室外场景中需要有主光源和环境光，所有的灯光都是模拟自然状态下的灯光效果。单击"Create"【创建】|"Lights"【灯光】|"Target Direct"【目标平行光】，创建一个平行光来模拟太阳光，灯光的颜色用暖色调，如图 7.144 所示。

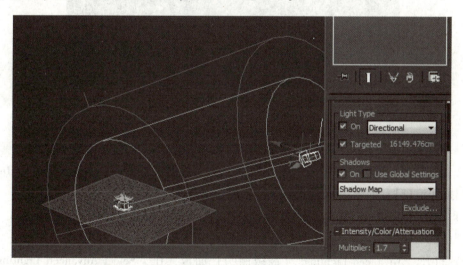

图 7.144　灯光角度

（2）选择最完美的角度，单击"Free"【自由相机】，按组合键"【Ctrl】+【C】"【快速打相机】，如图 7.145 所示。

（3）单击"Create"【创建】|"Lights"【灯光】|"Skylight"【天光】，创建一个天光模拟环境光，参数的设置如图，灯光的颜色用冷色调，如图 7.146 所示。

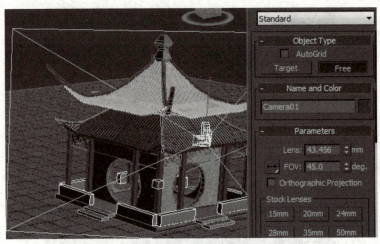

图 7.145　摄像机图

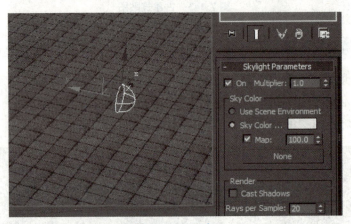

图 7.146　天光

7.2.4　古代建筑渲染器设置

（1）按【F10】键打开"渲染设置"对话框，设置渲染器为"Default Scanline Renderer"【默认扫描线渲染】，如图 7.147 所示。

（2）单击"Common"【公用】选项卡，在"Common Parameters"【公用参数】栏下渲染尺寸为 800×600，具体参数如图 7.148 所示。

（3）打开"Advanced Lighting"【高级照明】面板，在"Select Advanced Lighting"【选择高级照明】面板中选择"Light Tracer"【高级光追踪】选项，"Bounces"【反弹值】为 1，效果如图 7.149 所示。

（4）按【Shift】+【Q】键渲染当前场景，最终渲染效果如图 7.150 所示。

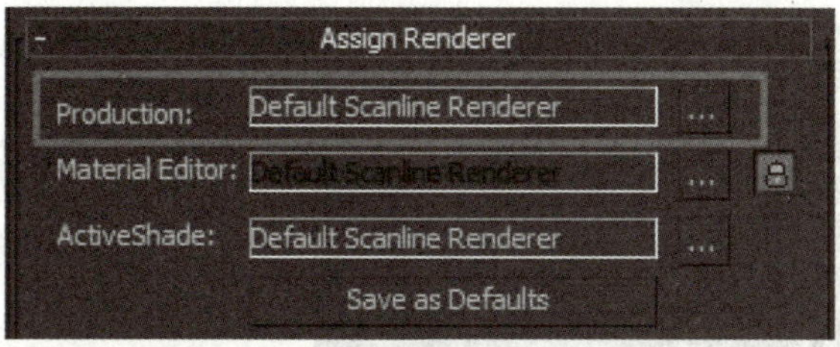

图 7.147　渲染器的设置

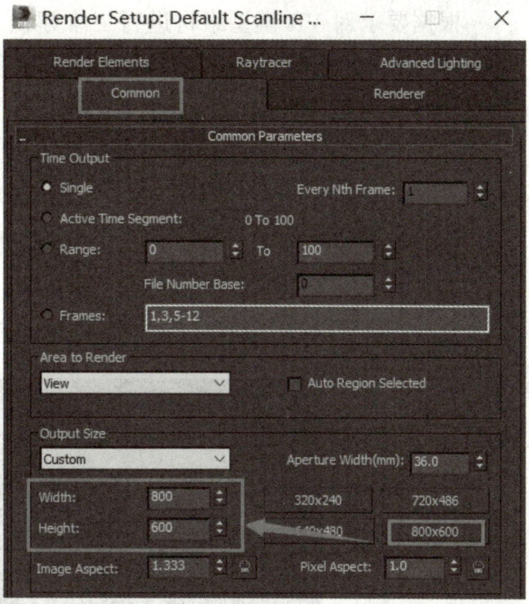

图 7.148　渲染图片大小设置图

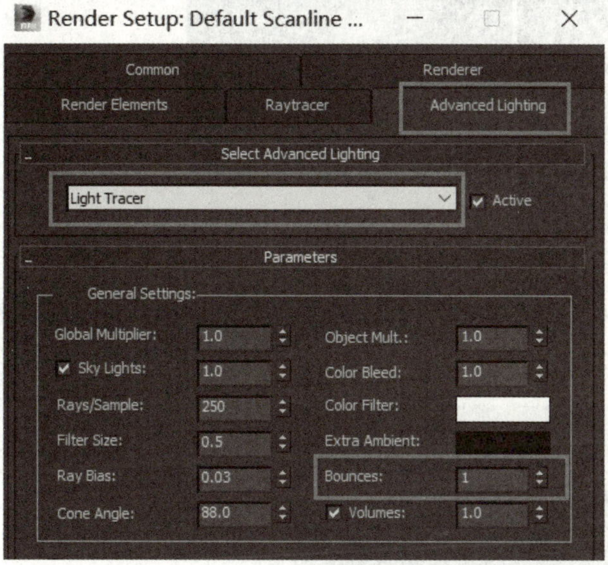

图 7.149　灯光参数设置

图 7.150　最终效果图

7.3　职业技能大赛真题模拟

　　全国高等职业院校技能大赛虚拟现实（VR）设计与制作赛项，围绕检验高职学生 VR 场景设计、三维数字建模、VR 交互制作、VR 外设应用、VR 项目发布等 VR 资源设计与制作的核心知识及技能展开，旨在提升高职学生虚拟现实设计与制作技能及职业素养。

　　赛项包括 VR 引擎、VR 编辑器、VR 建模和策划文档四个部分，其中 VR 建模部分在赛项中的占比逐年提高，在整个赛项中发挥着举足轻重的作用。

　　根据要求对 VR 模型素材进行三维建模，掌握 3D 建模规则、模型贴图、材质调整、灯光使用、3D 动画等建模技术。同时考核参赛选手在职业规范、团队协作、组织管理、工作计划、团队风貌等方面的职业素养。

　　下面是根据历年的职业技能大赛的真题，整理出的两套动物建模的模拟题。

➢赛题

按需要完成三视图（图 7.151）体现的模型效果。

➢要求

模型面数不大于 15 000 面，模型比例正确，模型布线合理，模型 UV 展开图划分合理。

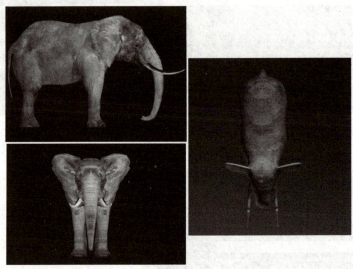

图 7.151　三视图（前、左、顶）

　　本案例介绍利用可编辑多边形的一些工具及调点、线、面来完成大象建模，以及利用图片对图来控制比例。大象效果如图 7.152 所示。

图 7.152　大象效果图

7.3.1　大象动物模型及展 UV 贴图

（1）打开 3ds Max 软件，将系统单位和显示单位统一为厘米，如图 7.153 所示，然后再进行后面的制作。

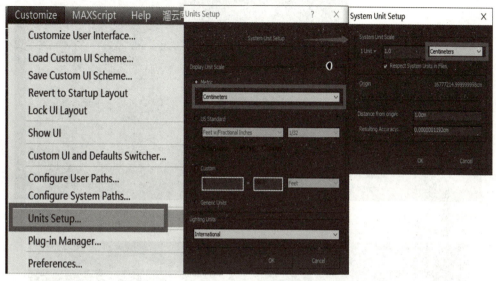

图 7.153　设置单位

（2）查看模型三视图的大小，按【F】键切换到前视图，在【创建】面板中选择"Plane"【面片】大小和三视图一致，按【E】键切换到【旋转】，再按住【Shift】键顺时针旋转 90°，之后对照三视图的前视图和左视图赋予贴图，效果如图 7.154 所示。

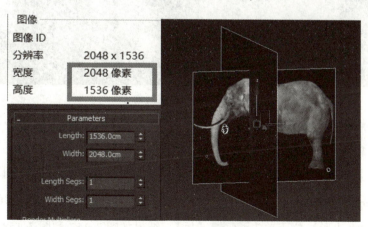

图 7.154　对图

（3）选中所有再右击菜单选择 Object Properties 【对象属性】，在对象属性面板中将 Show Frozen in Gray 【以灰色显示冻结对象】去掉勾选，之后退出再次选中所有，右击单击 Freeze Selection 【冻结当前选择】，具体步骤如图 7.155 所示。

（4）按【L】键切换到左视图，我们选择 Sphere 【球体】将参数"分段"设置为 8，大小比例自己掌控在参照的面片上，分别在头部、腰部、臀部各创造一个"分段"为8的球体，具体操作步骤如图7.156所示。

图 7.155 冻结对象

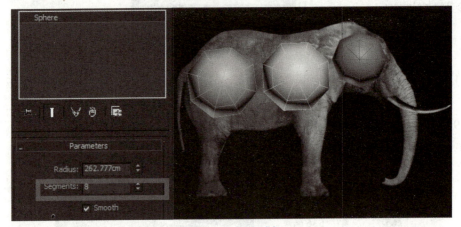

图 7.156 冻结对象

（5）选中所有球体，执行右键快捷菜单中的"Convert To"【转化成】|"Convert To Editable Poly"【可编辑多边形】命令，之后选择任意一个球体，在【修改】面板下面单击 Attach 【附加】按钮，再单击其余两个球体使其附加成一个整体，在多边形的【修改】面板下的"Selection"【选择】栏下单击■【面】按钮，选中如图7.157所示的面，在"Edit Polygons"【编辑多边形】栏下单击 Bridge 【桥】，结果如图7.157和图7.158所示。

（6）选择【点】层级将轮廓的点线按照后面参考图去对点（为了方便看清楚后面的参考图，可以按【Alt】+【X】快捷键实现【穿透显示】，使模型透明化）。具体效果如图7.159所示。

（7）因为此案例为对称模型，所以我们只需完成一半即可。按【T】键切换到顶视图，在【修改】面板中选择【面】层级，框选如图7.160所示的面，按【Delete】键删除。

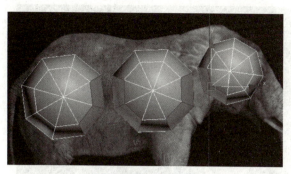

图7.157　选中面

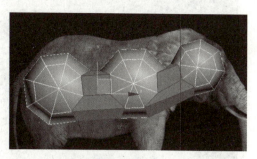

图7.158　桥

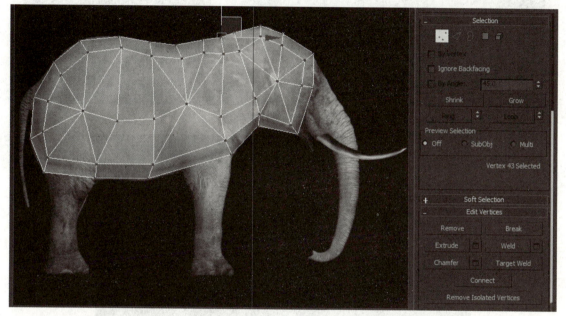

图7.159　调点

（8）选择 【边界】层级，在模型边界处选择之后添加"Symmetry"【对称】，在【修改】面板下镜像轴选择 Y 轴。步骤如图7.161所示。

（9）选择"Editable Poly"【可编辑多边形】并且单击下方 【显示最终效果】（打开目的是看到对称的另一半的实时变化），之后需要用切线、连接等命令来调整布线，具体布线如图7.162所示。

（10）头部分我们先删除需要扩展的面，然后按【Shift】键开始扩展面。在【面】层级选择如图7.163所示的面按住【Delete】键删除，再选择【线】层级将刚才删除面周围的线选中，按【Shift】键利用【移动、旋转、缩放】对照效果图进行扩展，具体如图7.164所示，头部完成最终如图7.165所示。

（11）切换到透视图，在参考图片腿的部分按【Alt】+【C】快捷键在合适的位置切线，步骤如图7.166所示，再切换到【点】层级，按照后方参考调点，具体操作效果如图7.167所示。

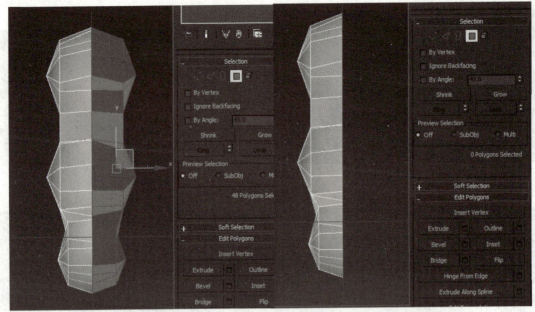

图 7.160　删除一半的面

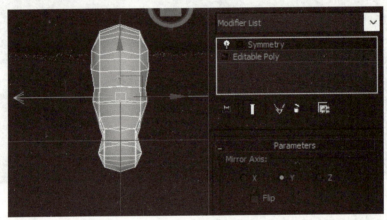

图 7.161　对称

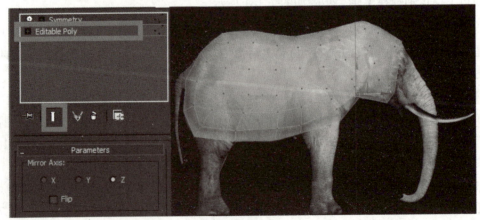

图 7.162　布线

图 7.163　删除　　　　　　　　　　　　　图 7.164　扩展面

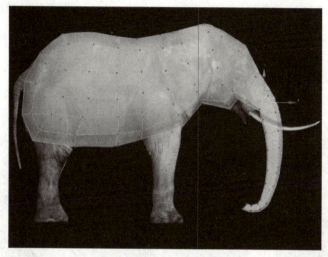

图 7.165　头部完成

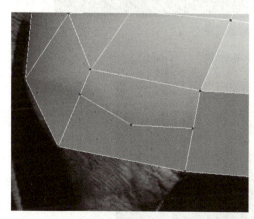
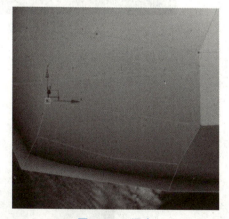

图 7.166　切线　　　　　　　　　　　　　图 7.167　调点

（12）选中【面】层级，选择如图 7.168 所示的面，单击 Extrude 挤出适当距离，然后切换到后视图选择【点】层级调整出大腿的轮廓，再切换到【面】层级将底部面删除，效果如图 7.169 所示。

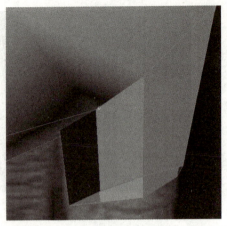

图 7.168　选择面　　　　　　　　　　　　　　图 7.169　挤出调点

（13）选择■【线】层级将刚才删除面周围的线选中，按【Shift】键利用【移动、旋转、缩放】对照效果图扩展，后腿完成最终如图 7.170 所示。

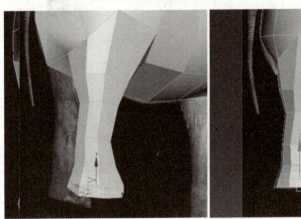

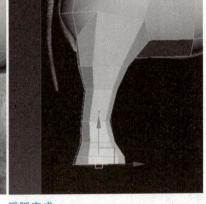

图 7.170　后腿完成

（14）前腿按照后腿操作一致，腿部完成效果如图 7.171 所示。

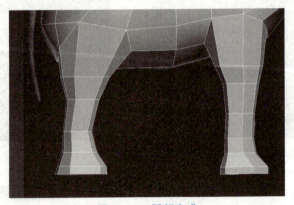

图 7.171　腿部完成

（15）尾巴部分选中【面】层级用【切割】在屁股位置对照参考图切出尾巴，然后选择【线】层级选择切开的线，按住【Shift】键按照参照图用自由变换工具拉出尾巴，效果如图 7.172 所示。

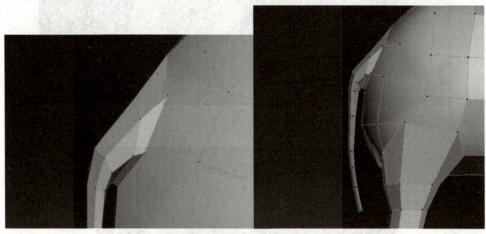

图 7.172　尾巴完成

（16）在大象的头部适当位置用【切割】命令切耳朵轮廓，然后用【挤出】命令挤出适当宽度，之后将周围的点调整成耳朵的形状，具体步骤如图 7.173 所示。

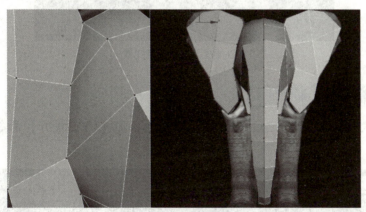

图 7.173　耳朵完成

（17）制作牙部分，需要先创建出 Cylinder 【圆柱】放在大象嘴角的位置，之后转换为可编辑多边形，选择【面】层级对照图片参考将象牙部分拉出来，具体步骤如图 7.174 所示。

（18）将做好的部分附加在一起，然后在【修改】面板中加入【涡轮平滑】，将大象模型变得圆滑一点，完成效果图 7.175 所示。

图 7.174　象牙完成

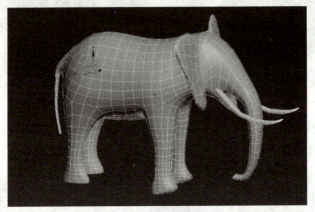

图 7.175　大象模型完成

7.3.2　大象模型展 UV 贴图的实现

（1）先将大象删除一半，之后将贴图赋予大象。添加【UVW 展开】命令，操作效果如图 7.176 所示。

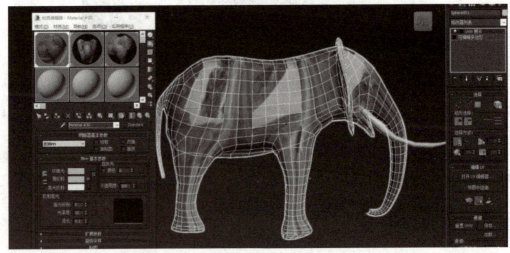

图 7.176　大象贴图

（2）单击【面】层级，框选大象所有的面之后单击 【快速平面贴图】打开 UV 编辑器。效果如图 7.177 所示。

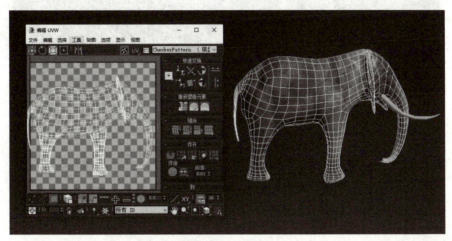

图 7.177　UV 展开

（3）在【编辑 UVW】面板中把棋盘格背景换成大象贴图背景，之后用 【自由形式模式】将面板中大象的轮廓对齐，对齐效果如图 7.178 所示。

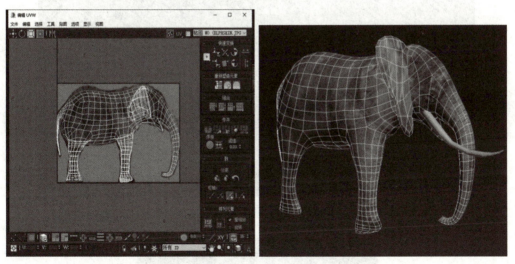

图 7.178　调整 UV 布线

（4）赋予象牙贴图，添加"UVW 展开"命令，操作效果如图 7.179 所示。

（5）单击【面】层级，框选大象所有的面之后单击 【快速剥离】打开 UV 编辑器。然后在【编辑 UVW】面板中把棋盘格背景换成大象贴图背景，之后用 【自由形式模式】将面板中象牙的轮廓对齐，象牙效果如图 7.180 所示。

（6）取消孤立显示将两个模型附加在一起，之后选择【对称】工具将另一半大象对称，最终完成效果如图 7.181 所示。

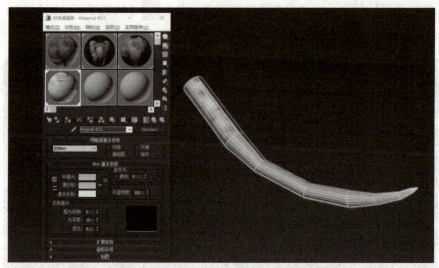

图 7.179　象牙贴图

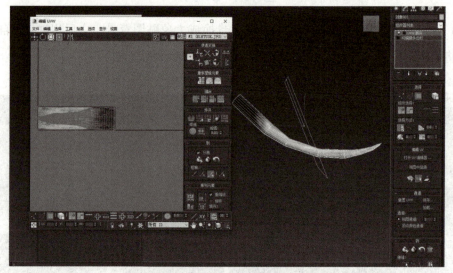

图 7.180　象牙贴图完成

图 7.181　大象完成

参 考 文 献

[1]　曹茂鹏，瞿颖健. 3ds Max 2012 完全自学教程［M］. 北京：人民邮电出版社，2012.

[2]　曹茂鹏，瞿颖健. 3ds Max 2014 完全自学教程［M］. 北京：人民邮电出版社，2013.

[3]　周厚宇，陈学全. 3ds Max/VRay 超写实效果图表现技术法［M］. 北京：人民邮电出版社，2011.

[4]　水晶石教育. 水晶石技法 3ds Max/VRay 建筑渲染表现Ⅲ［M］. 北京：人民邮电出版社，2014.

[5]　水晶石数字场景部. 水晶石技法 3ds Max/VRay 建筑模型技术手册［M］. 北京：人民邮电出版社，2013.

[6]　数码创意. 巅峰三维 3ds Max/VRay 展示设计实例解析［M］. 北京：中国铁道出版社，2016.

[7]　时代印象. 3ds Max 2016/VRay 效果图制作完全自学教程［M］. 北京：人民邮电出版社，2016.

[8]　李洪发. 3ds Max 2016 完全自学手册［M］. 北京：人民邮电出版社，2016.

[9]　赵岩. 3ds Max 2015 命令参考大全［M］. 北京：中国铁道出版社，2015.

[10]　曹茂鹏. 3ds Max 疯狂设计学院［M］. 北京：人民邮电出版社，2017.

[11]　唯美映像. 3ds Max 2013 自学视频教程［M］. 北京：清华大学出版社，2015.

[12]　彭国安. 3DMax 建筑与动画［M］. 武汉：华中科技大学出版社，2012.

[13]　王琦. Autodesk 3ds Max 2015 标准教材Ⅱ［M］. 北京：人民邮电出版社，2014.

[14]　刘正旭. 3ds Max/VRay 室内外设计材质与灯光速查手册［M］. 北京：电子工业出版社，2014.

[15]　任肖甜. 3ds Max 动画制作实例教程［M］. 北京：人民邮电出版社，2016.